U0539636

森林裡的法國食年

綻放・夏秋

陳芋亮 LIANG CHEN ——— 作者・攝影

十年飲食全記錄，跟著當地人下廚吃飯，
以家常料理詮釋季節更迭以及法式鄉村生活

PREFACE

在噓寒問暖的往返之間，累積出生活的情感交流，也學會更多法國人的料理智慧，這是我在法北鄉村生活很珍貴的收穫之一。

生活在法國，想要打開法國人的心房是一個難題，但是，真心總能戰勝一切，這個道理可以在我和鄰居老爺爺老奶奶的身上得到映證。從一開始的不理解到好奇，至今，他們視我為家人一般的存在，我也把他們當成家人一樣關心問候，而這一切一切的感情累積，很多時候都是從日常的吃食串起的。老人家們好奇亞洲的食物，或是我生病時自我治癒的方法，我則一句兩句地問起，今天吃什麼？這個怎麼做啊？要加什麼食材配料嗎？在聊天之中，藉此學會很多當地的料理，也是這個系列食譜很重要的一個根據。

這些年的相處和學習之下，我對法北人的飲食也有一些有趣的觀察。比如說，隔壁鄰居的家族成員只有老奶奶一個女生，其他全是男生，因此每一餐都可以看到肉類，細究之下，因為這些家禽都是自家飼養，如果不在寒冬來臨之前宰殺食用或是保存，有可能會被濕冷的天氣凍死甚至生病產生病菌，因此，肉類的食用也就特別頻繁，當然男生愛吃肉也是原因。還有每餐一定會出現炸薯條，由此可見，馬鈴薯是法北人很重要的糧食作物。此外，法北天氣冷，不產橄欖，不像南法人習慣用橄欖油做菜，大部分的菜都是用奶油製作，北部的牛隻也因為天氣的緣故，生長品質特別好，奶油的品質很棒。

天氣暖和的夏季，也是農忙的高峰期，和老爺爺老奶奶互動的機會也多了，我特別珍惜這樣的時光，和老人家相處，總

感覺有學不完的料理智慧，很溫暖。至於我們的夏季菜園裡有些什麼作物呢？南瓜、櫛瓜、番茄、青豆、豌豆、青花椰菜等等各式各樣的蔬菜，有什麼蔬菜收成，就能端上當天的餐桌，現採現吃，鄉村的美好不過如此啊！

夏天的週末，我會開上 20 分鐘的車，到附近鎮上的市集逛逛，這個市集裡有販售生活用品，但大多是來自方圓 10 公里的農家的農產品，是一個採買自家沒有的食材的大好時機，來這裡感受市集的熱鬧，享受夏天的陽光，還有繽紛明亮的風景。

7 月中還有一個很盛大的古物市集，在全法國的大小鄉鎮都會舉行，各地舉辦的活動不盡相同，在我居住的鎮上，除了古物市集，下午還會有一場很熱鬧的嘉年華會遊行，也是我們在夏天的盛事之一。

結束夏天的活躍，邁入秋天的步調，也是另一個忙碌的季節，但是忙的事情不同，這時候忙的是收成和儲存，為即將來臨的嚴冬準備。當天收成的大量葉菜類蔬菜或是水果，我必須在 1、2 天內做成漬物或是果醬，放入酒窖裡保存，以備冬日之需。根莖類蔬菜則放入溫度比冰箱冷度還低的酒窖一角，以厚沙鋪滿後保存。冬天要吃的肉類，通常是阿公幫忙宰殺片好，讓我冷凍保存，當成冬天肉類的主要來源。

秋天也是我們能夠外出的最後機會，這個時候，我常常牽著拉奇到森林田間散步，涼風襲來，捕捉逐漸變化的秋色，想一想當天晚餐的菜單，或是入冬之後，餐桌上的可能。

CONTENTS

前言   002

Summer

1. 櫛瓜煎餅 Beignets de courgette   018
2. 烤填肉餡圓櫛瓜 Courgettes rondes farcies   020
3. 烤焦糖豬厚排、新馬鈴薯與新蒜 Carré de porc laqué, ail et pommede terre nouvelles   022
4. 西瓜甜瓜辣椒冷湯 Soupe froide du pastèquèe, melon et piment   024
5. 夏日蔬菜烤單片麵包 Tartine la vegetarienne   028
6. 番茄碎泥生火腿烤單片麵包 Tartine de l'ibérique   030
7. 番茄甜椒冷湯 Soupe froid tomates et poivrons   032
8. 櫛瓜花填瑞可塔乳酪和新鮮香草 Beigne fleurs courgette à la ricotta et des herbes fraiches   036
9. 蒜香薄荷櫛瓜涼湯 Soupe glacée du courgettes à l'ail   040
10. 雞高湯小番茄新鮮巴西里火腿水煮蛋凍 Oeuf en gelée   044
11. 海鮮鹹派 Quiche fruits de mer   046
12. 薑味草莓沙拉 Salade de fraise au gingembre   048
13. 自家烤肉醬 Sauce BBQ fait maison   050
14. 蘋果酒醋漬烤豬肋排 Poitrine braisée au vinaigre maison pomme de perre nouvelles   052
15. 無花果、Mozzarella、油漬櫻桃番茄烤茄子 Aubegine grillées aux figues, tomates et mozzarella   054
16. 烤蔬菜凍 Terrine aux légumes grillées d'été   056
17. 黑芝麻蘿蔔與茴香絲沙拉 Carottes et fenouil pâtés au sésame noir   058
18. 罌粟花糖漿 Sirop de Coquelicot   060
19. 水蜜桃薄荷冰茶 Thé glacé à la pêche   062
20. 香草肉桂鳳梨調味蘭姆酒 Rhum arrangé de bananes, vanille et cannelle   064
21. 薰衣草水蜜桃甜湯 Pêche pchées à la lavande   066
22. 醋漬櫻桃蘿蔔 Pickles de radis   068
23. 鮮奶油香草冰淇淋 La glace de la crème fraîche   070
24. 巧克力櫛瓜蛋糕 Gâteau chocolat-courgette   072
25. 覆盆子塔 Tarte aux framboises   076

Autumn

1. 馬鈴薯鬆餅炒菌菇 Gaufres de pommes de terre aux champignons — 086
2. 北法的炸薯條 Frits du nord — 088
3. Samourai 醬汁 Sauce Samouraï — 092
4. 甜菜根、地瓜、馬鈴薯片 Chips pomme de terre, bettavert, patade douce — 094
5. 阿嬤的白酒香料淡菜 Moule au vin blan de Mami — 096
6. 紅酒漬紅高麗菜 Compotée de chou rouge aux figues — 100
7. 菜園紅高麗菜沙拉 Salade de chou rouge à l'asiatique — 102
8. 新鮮甜橙烤農家鴨 Canard l'orange — 104
9. 橄欖油漬烤甜椒 Poivros grillés à l'huile d'olive — 108
10. 油漬百里香茄子 Aubergines confites au thym — 110
11. 茄肉魚子醬 Cavier d'aubergine — 112
12. 鹽味麵皮包烤利克農家雞 Poulet de Licques en croûte de sel — 114
13. 西洋梨榛果慢燉豬肋排 Rôti de porc aux noisettes et aux poires — 118
14. 帕瑪森小牛肉末白醬千層麵 Lasagnes au veau et au parmesan — 122
15. 老式焗白醬蘑菇干貝 Coquilles Saint Jacques à l'ancienne — 124
16. 農家油封鴨 Confit de canard du ferme — 128
17. 白酒醋漬葡萄 Pickles de raisin — 130
18. 野黑莓糖漿 Sirop de mûres — 132
19. 香草冰淇淋南瓜濃湯 Soupe citrouille et la glace crème frâche — 134
20. 一口吃酒漬無花果與香料紅酒 Figues gorgées de vin — 138
21. 南瓜核桃椪柑蛋糕 Gâteau au potiron et noix — 142
22. 瑞士乳酪培根馬鈴薯蛋糕 Gâteau de pomme de terre du bacon et au fromage de Suisse — 146
23. 南瓜甜橙果醬 Confiture au poitiron et l'orange — 150
24. 鄉村式甜菜根紅蘋果汁 Jus de pomme et berttaver — 154
25. 肉桂李子糖漿 Prunes au sirop et à la cannelle — 156

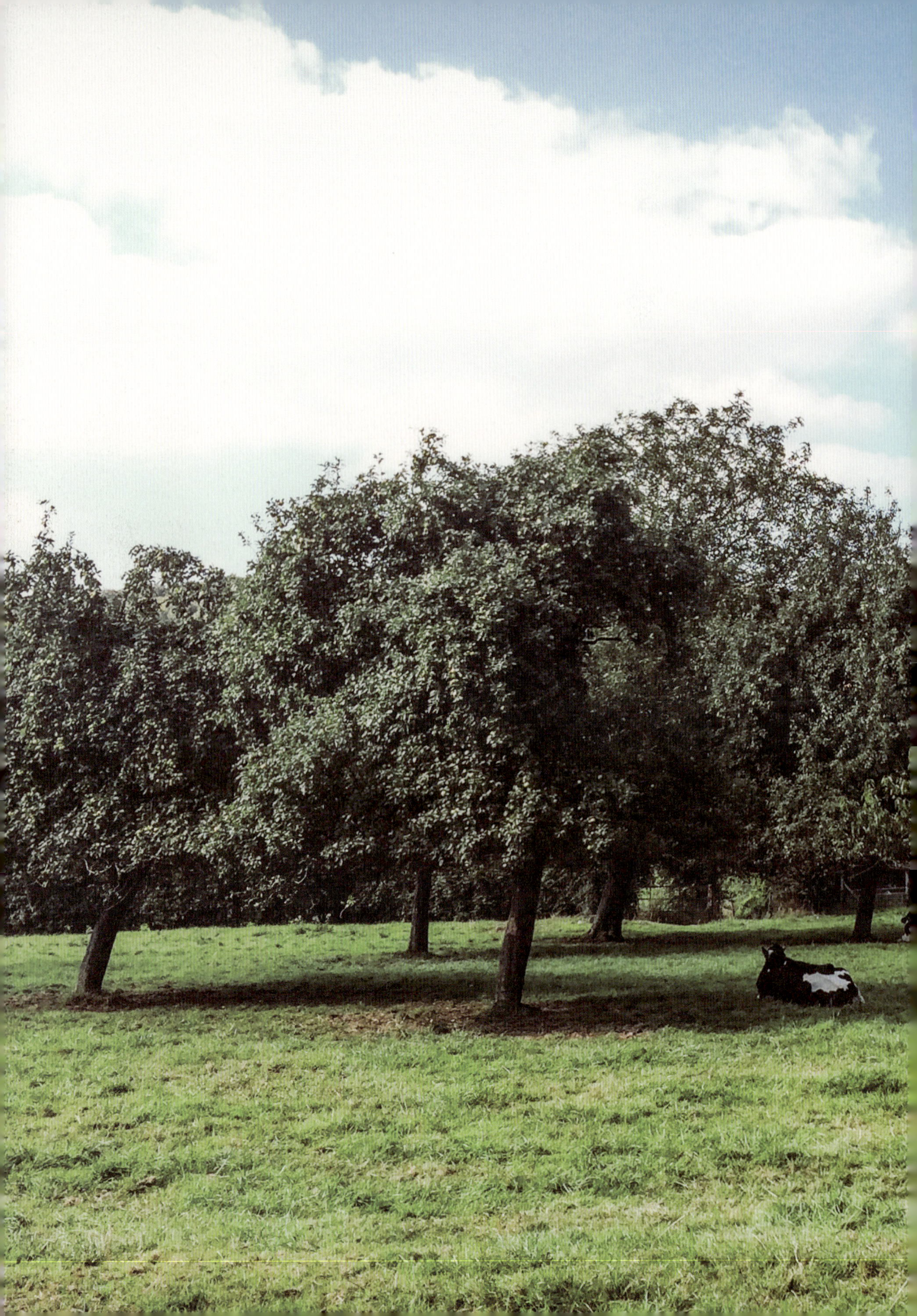

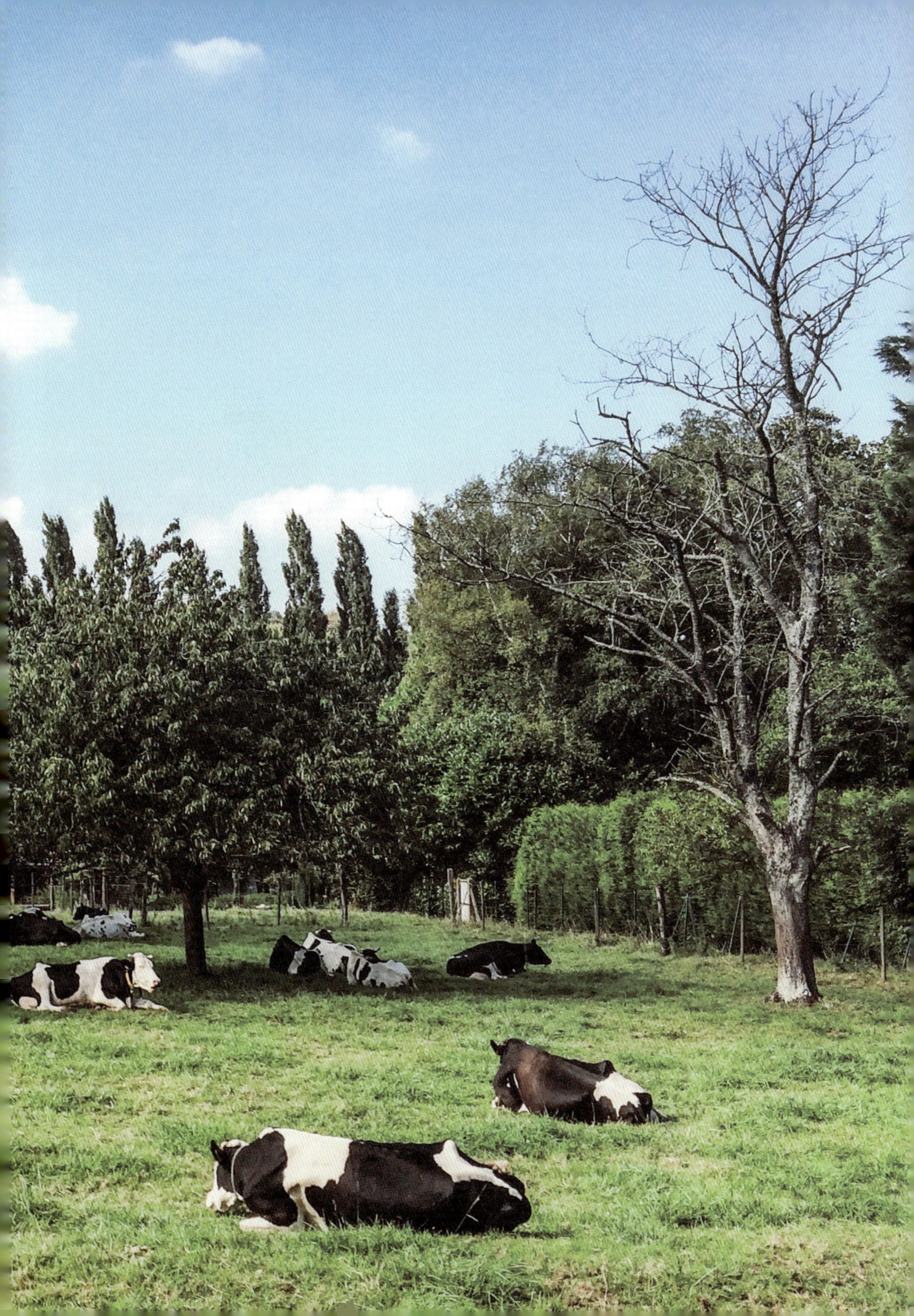

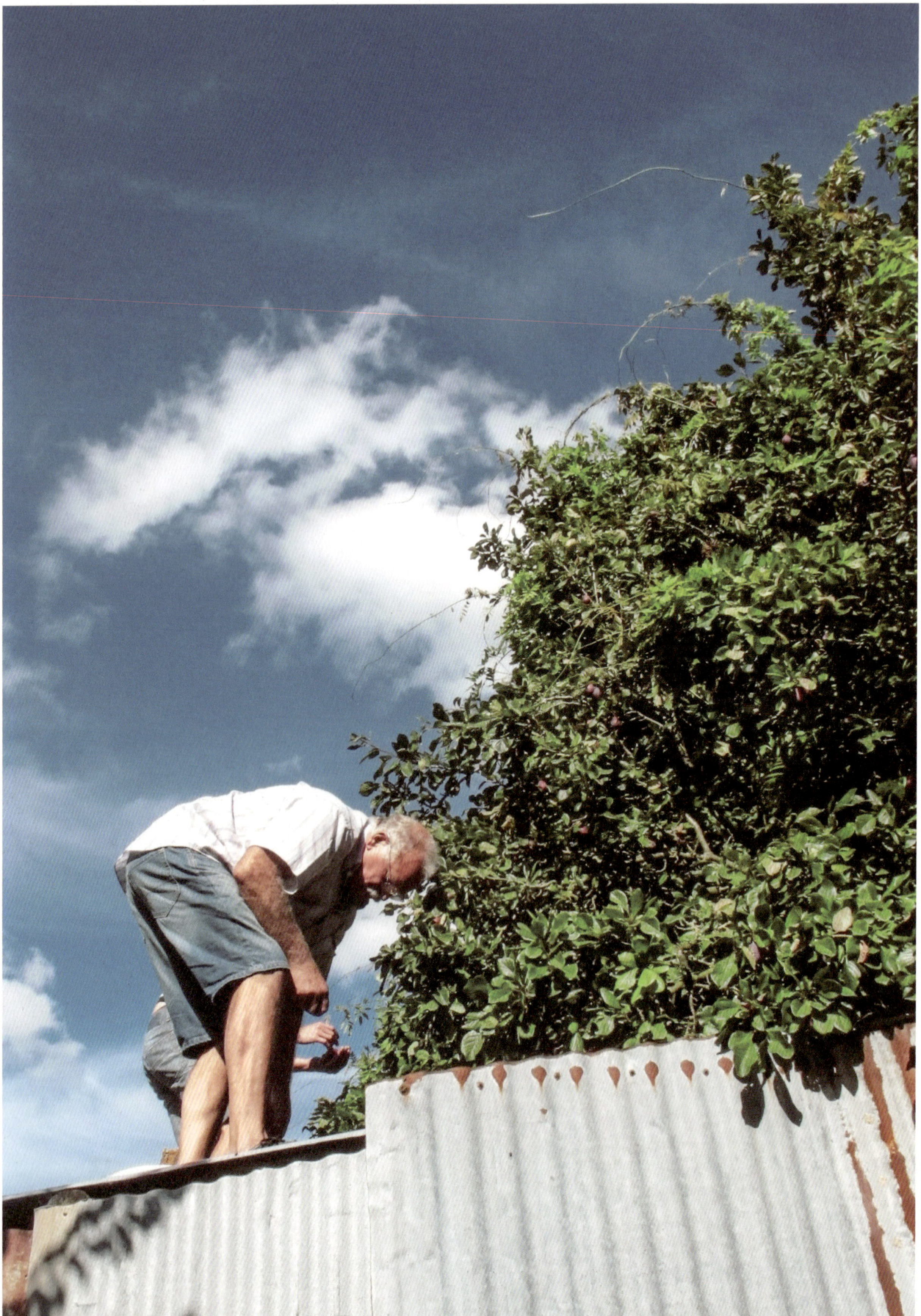

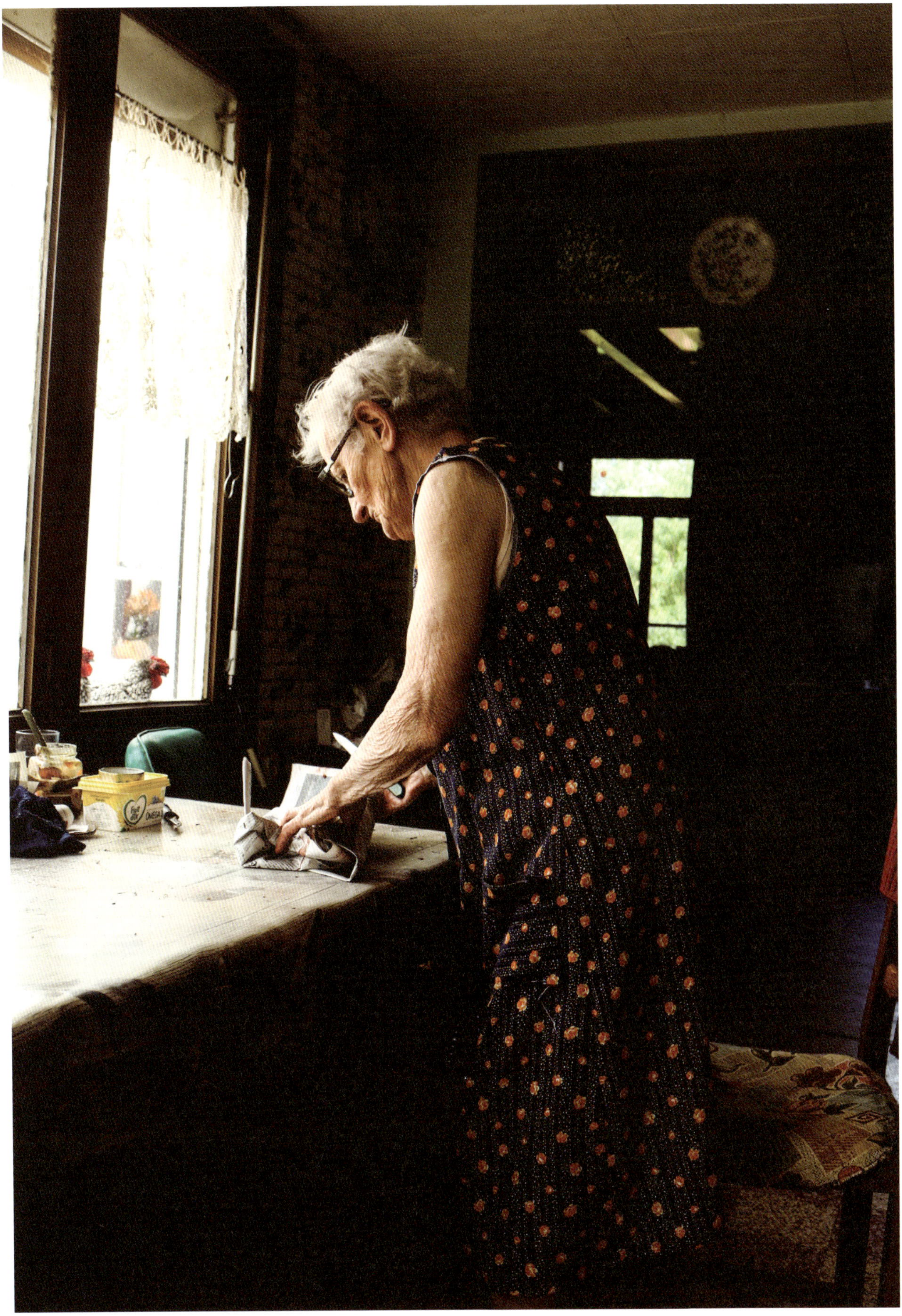

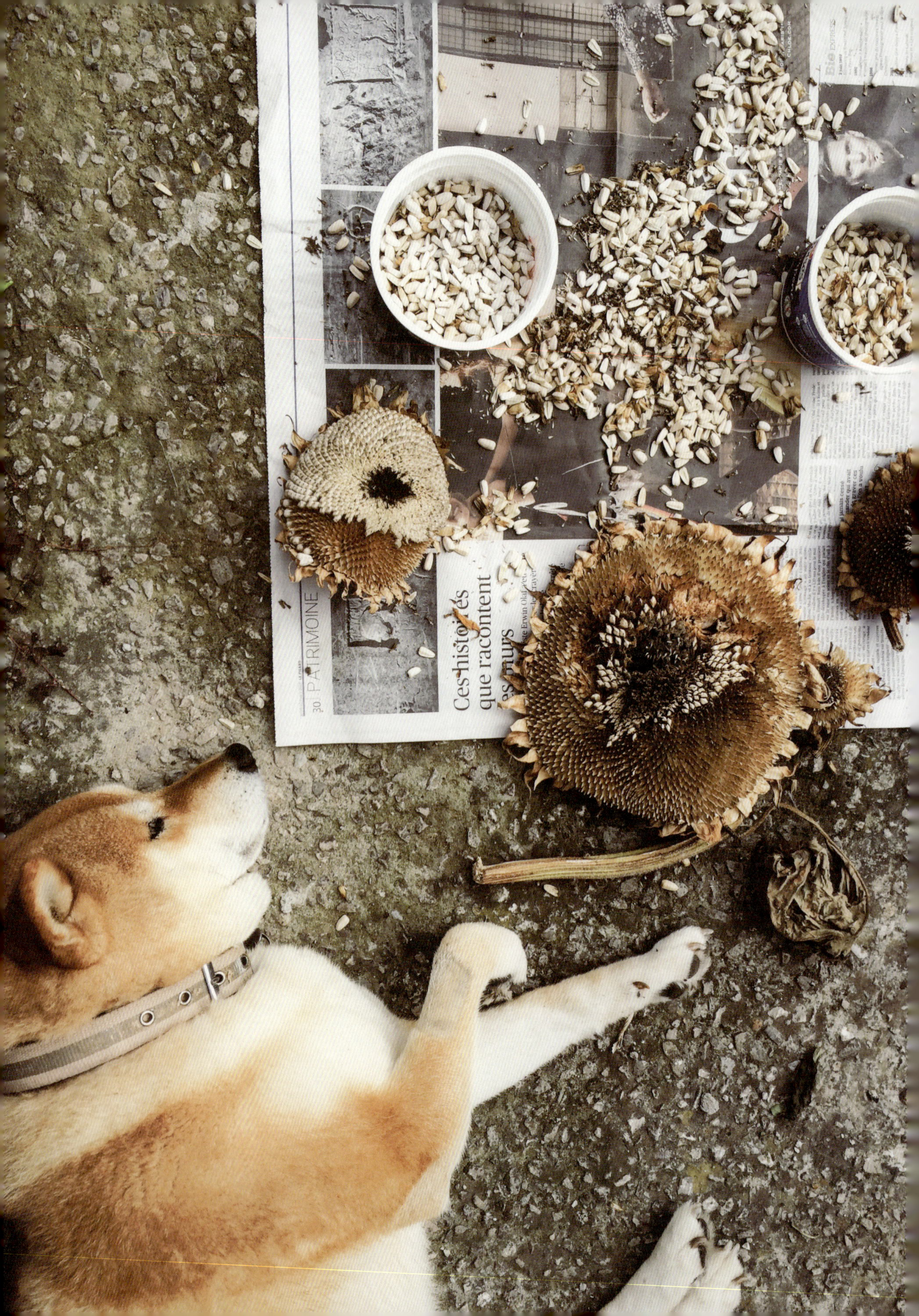

PATRIMOINE
Ces histoires que racontent les murs

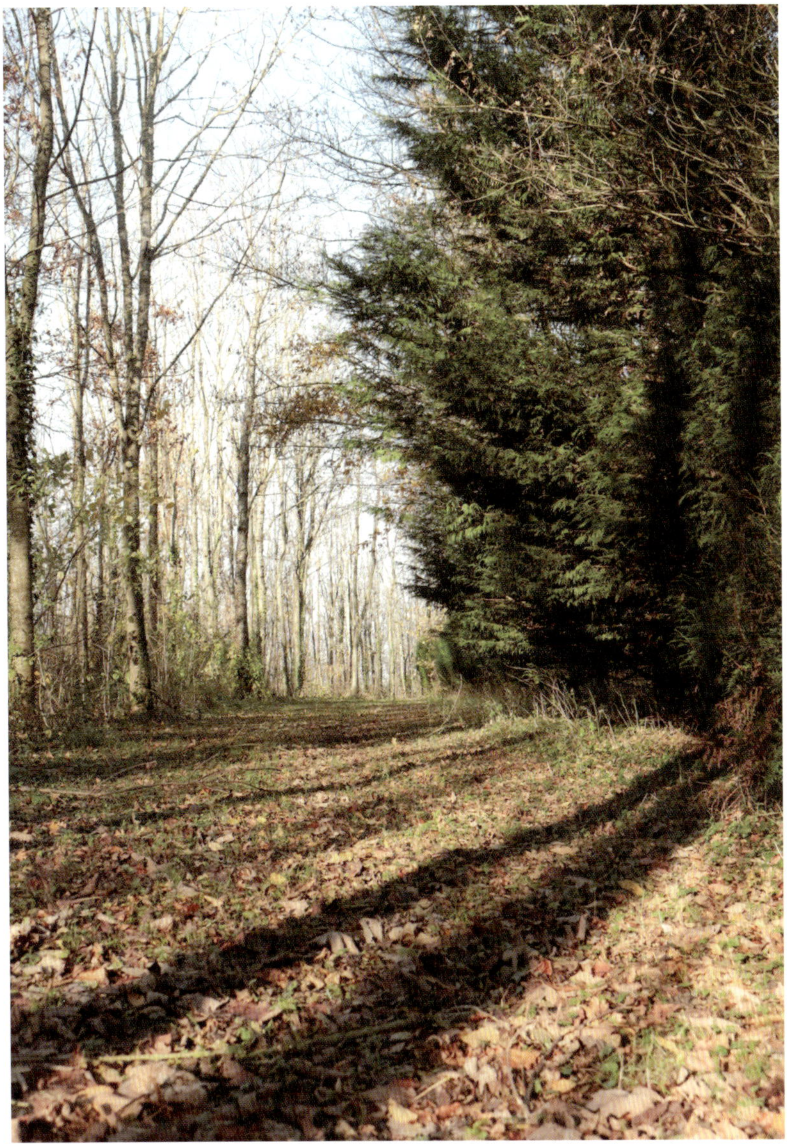

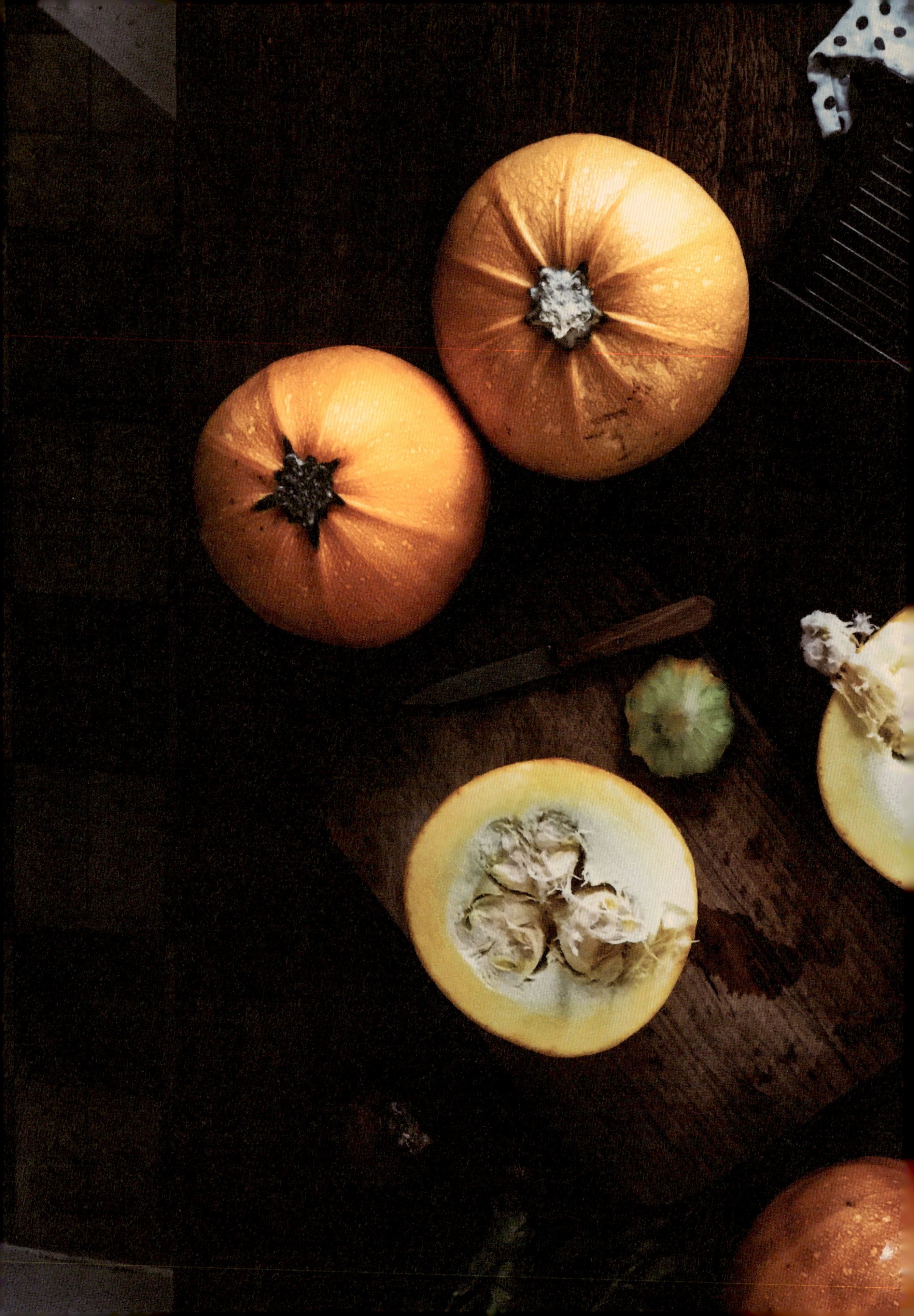

summer

SUMMER

14

15

16

17

櫛瓜煎餅
Beignets de courgette

櫛瓜雖然長得小又慢，卻是我最喜歡的蔬菜，中小型的櫛瓜口感吃起來比較美味，相對來說，長得太大的櫛瓜，我則拿來做「櫛瓜煎餅」。煎餅是家庭主婦的好朋友，太忙無法花心思思考做什麼佳餚的時候，櫛瓜煎餅很快能解決全家人挑嘴的胃。

食材 — 2 條　　中型櫛瓜
　　　— *1/2 包　泡打粉
　　　— 50g　　帕瑪森乳酪粉（絲）
　　　— 200g　 麵粉
　　　— 3 顆　　新鮮雞蛋
　　　— 100ml　橄欖油
　　　— 150ml　牛奶
　　　— 適量　　海鹽、研磨胡椒

*1/2 包約 5g

1. 將櫛瓜洗乾淨後，刨成絲備用。

2. 將雞蛋放入調理碗裡打勻，再放入麵粉、泡打粉與帕瑪森乳酪粉攪拌均勻，續入牛奶、海鹽與研磨胡椒簡單調味，最後放入櫛瓜絲，再度攪拌均勻。

3. 平底鍋加熱後，倒入橄欖油，用湯匙挖取一匙的櫛瓜麵糊放入平底鍋，煎至表面上色後再翻面煎至上色即可，趁熱享用。

TIPS

1. 這道櫛瓜煎餅很爽口清淡，適合在炎熱夏季沒有胃口時享用，製作方法又簡單，可以搭配綠色沙拉一起享用。

2. 如果喜歡味道更豐富的話，建議在麵糊倒入鍋後放上一條油漬鯷魚，清淡爽口的櫛瓜煎餅就會變化出不同的口感。如果決定放鯷魚，海鹽的使用量需要減少，因為鯷魚已經有足夠的鹹味。

烤塡肉餡圓櫛瓜
Courgettes rondes farcies

烤櫛瓜時我會在烤盤底加點水，能夠加速櫛瓜熟成且不因為高溫與長時間烘烤而燒焦。在烤的過程中偶爾能將盤底的汁淋在櫛瓜上保持櫛瓜的濕潤度，用雞湯更好能讓櫛瓜的風味更有層次感。

食材
— 2 顆　中小型圓櫛瓜
— 1 顆　白洋蔥
— 1 顆　紅蔥頭
— 2 瓣　蒜頭
— 4 支　巴西里
— 120g　豬絞肉（選油脂少量）
— 120g　牛絞肉
— 1 顆　中型番茄
— 6 小株　花椰菜
— 1 顆　新鮮雞蛋
— 60g　雜糧麵包粉
— 適量　海鹽、橄欖油、研磨胡椒

1. 將圓櫛瓜洗乾淨，擦乾水份，在櫛瓜頂部蒂頭處切下 1.5 ～ 2.5 公分，取下的部份留著備用。

2. 用小湯匙將櫛瓜肉挖取出來，小心不要挖破表皮。如果櫛瓜太大顆，將圓櫛瓜放進滾水裡煮 8 分鐘，再取出切下頂部，挖取瓜肉。

3. 將洋蔥、紅蔥頭切丁。巴西里摘下葉子切碎。番茄頂部劃十字刀，以滾水燙 3 分鐘，去皮切小塊狀。花椰菜也是先燙約 5 分鐘，再撈起放入冷水，再切成小塊。

4. 將兩種肉放入調理碗裡混合，再放入步驟 3 全部的食材，續入雞蛋、麵包粉，以鹽和胡椒調味後拌勻即為肉餡。

5. 將混合好的肉餡填入已經挖空的圓櫛瓜內，再將櫛瓜帽蓋上。烤盤塗上橄欖油，放上填好肉餡的圓櫛瓜再淋上些許橄欖油與少量的水，烤箱以 180 度預熱，烤 30 分鐘即完成。

TIPS

圓櫛瓜如果過大事先燙過後會比較好挖取瓜肉，另外也能避免櫛瓜烤不熟的情況。

烤焦糖豬厚排、新馬鈴薯與新蒜
Carré de porc laqué, ail et pomme de terre nouvelles

六月末在馬鈴薯與蒜採收的同時，也是天氣開始轉熱的時節。假日裡習慣做烤肉料理是法國傳統家庭的習慣，用馬鈴薯和蒜與肉類同烤也是經常互相搭配的食材，尤其是沾了肉汁的新鮮新馬鈴薯與新蒜非常可口，讓人難以抗拒的美味。

食材
— 1.6kg 帶骨豬排
— 800g 有機小顆新馬鈴薯
— 1 顆 新蒜（約6瓣蒜頭）
— 6 顆 小顆新洋蔥
— 100ml 水

焦糖醬汁
— 2 大匙 春蜜
— 5 大匙 冷榨橄欖油
— 3 大匙 黑豆醬油
— 1 大匙 新鮮薑（磨末）
— 10 片 鼠尾草
— 1 瓣 蒜頭

1. 烤箱以180度預熱。將豬排放進烤盤裡，以烤箱烤30分鐘。

2. 將蒜頭去皮，洋蔥剝去外膜，馬鈴薯洗乾淨擦乾水份不需要去皮。

3. 製作醬汁。將蒜頭去皮切小丁和蜂蜜、醬油、橄欖油、薑末、蒜末與鼠尾草拌在一起。

4. 取出烤豬排，淋上醬汁，再將馬鈴薯放在豬排四周，放入新蒜與洋蔥，倒入約100ml的水，將馬鈴薯、蒜與洋蔥充分攪拌都裹到醬汁，再以烤箱160度烤1個小時15分鐘，每30分鐘要將醬汁淋在食材與豬排上，保持顏色持續上色與肉質不過度乾柴。

5. 出爐後，放置30分鐘後將豬排切開與馬鈴薯、洋蔥、蒜和醬汁一起享用。

TIPS

每個人家裡烤箱的功率不同，因此，如果豬排上色過快，請蓋上一張鋁箔紙，可以讓豬排上色慢一點。

西瓜甜瓜辣椒冷湯
Soupe froide du pastèquèe melon et piment

炎熱的夏天食慾不佳時，最喜歡喝冷湯，雖然是西瓜和哈密瓜兩種水果製成，有了新鮮香草和辣椒的提味，讓人食慾大增，讓水果也能在料理的運用上變化出更多的可能性。

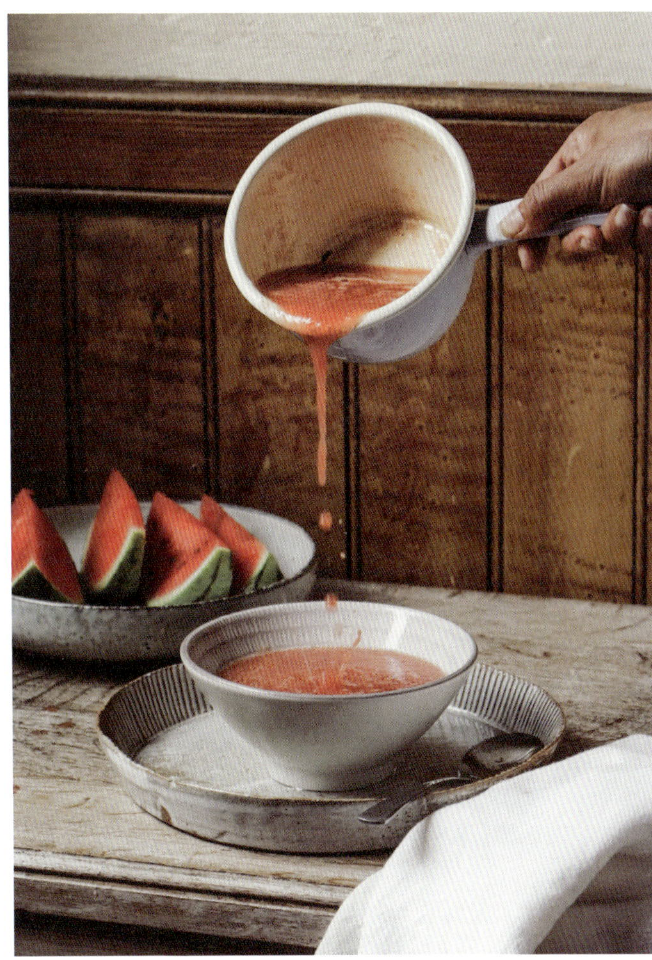

SUMMER

食材 — 1 顆　　中小型熟透紅肉西瓜
　　 — 1 顆　　小型熟又甜的哈密瓜
　　 — 1 條　　大黃瓜
　　 — 1 小塊　去皮的薑
　　 — 4～5 滴 巴斯克辣椒醬（*Sauce pimentes palette*）
　　 — 1 條　　紅辣椒
　　 — 數根　　歐式香菜
　　 — 數根　　薄荷葉
　　 — 適量　　品質好的橄欖油、給宏得海鹽

1. 將西瓜、哈密瓜和大黃瓜去皮後，將籽刮下後切成塊狀。薑去皮後切成小塊狀。

2. 將去皮去籽的瓜類食材和薑放進食物調理機或是果汁機裡，攪打成泥狀。

3. 將辣椒對切後去籽，再切細，放入打好的冷湯裡，放入巴斯克辣椒醬攪拌均勻，再放進冰箱冷藏。

4. 將預計盛裝的碗放進冰箱冷藏或冷凍幾分鐘，上桌前取出，將歐式香菜和薄荷葉放在碗底，倒入冷湯，淋上少量橄欖油和海鹽，冰涼地食用。

TIPS

1. 如果沒有巴斯克辣椒醬也可以用 Tabasco 替代。

2. 可以加點橙花水增加香氣，冷湯整體的風味會變得更加優雅。

3. 新鮮辣椒一定要去籽才不會過辣，如果不習慣吃辣的人，可以先用半條試味道再酌量增加。

夏日蔬菜烤單片麵包
Tartine la végétarienne

夏季是菜園豐收的季節，蔬菜豐富又多元，我好喜歡夏季時吃上鋪滿蔬菜的烤單片麵包，蔬菜的水份被鬆脆的麵包吸收，一口咬下所有的味道在嘴裡融合，麵包的香脆、蔬菜的甜，簡單又美味。我習慣一次做多份放在冰箱冷藏，菜園的忙碌工作後，一兩片就能讓我感到非常開心滿足。

食材
— *1個* 鄉村麵包
— *1顆* 綠甜椒
— *1顆* 紅甜椒
— *1顆* 黃甜椒
— *1顆* 圓茄子
— *2顆* 中型洋蔥
— 適量 橄欖油、海鹽、研磨胡椒
— *80g* 油漬番茄乾
— *80g* *Mozzarella* 或 *Goda* 乳酪
— *80g* 青醬
— 適量 沙拉葉

1. 將甜椒對切後放在烤盤上,以烤箱將表面烤焦,或是用噴火槍將表面噴焦。

2. 將甜椒放進一個碗裡,蓋上蓋子幾分鐘後,剝掉甜椒的表皮(若是用噴火槍噴焦後請放進一碗冷水裡去皮)並去籽,切成細長條狀。

3. 將茄子切成細長條狀,洋蔥切丁。平底鍋加熱後倒入橄欖油,將洋蔥與茄子炒軟炒熟,再以鹽和胡椒調味。

4. 鄉村麵包切片,塗上步驟 3,再擺上甜椒、幾片番茄乾、切塊的 *Mozzarella*,擠上青醬,撒上幾片沙拉葉後即完成。

番茄碎泥生火腿烤單片麵包
Tartine de l'ibérique

夏季的黃昏，我們總喜歡太陽餘韻烙印在柳樹下的後院，涼涼的風吹拂之下，一邊吃著這樣豐富口感的單片麵包，搭配一杯酒，細細享受為時不久的夏季。類似這樣的烤單片麵包料理，很適合多人聚會時搭配喝著清涼的水果酒一邊享用一邊聊天。

食材	— *1* 個	鄉村麵包
	— *4* 片	生火腿
	— *2* 大匙	巴薩米可酒醋
	— 適量	橄欖油
番茄碎泥	— *7* 顆	番茄
	— *2* 瓣	紅蔥頭
	— *2* 辦	蒜頭
	— *1* 束	新鮮香草（羅勒、百里香）
	— 適量	海鹽、研磨胡椒

1. 將紅蔥頭和蒜頭去皮切丁，平底鍋加熱倒入橄欖油，放紅蔥頭丁炒香但不要炒上色。續入切塊的番茄拌炒後，加入新鮮香草、蒜丁，以鹽和胡椒調味後，以小火煮 30 分鐘收汁即完成。

2. 麵包切片淋上橄欖油和巴薩米可酒醋，鋪上番茄碎泥，再放上一塊生火腿，以幾片香草裝飾，就能上桌了。

番茄甜椒冷湯
Soupe froid tomates et poivrons

這道湯有豐富的茄紅素,夏季晚上享用時可以搭配像是番茄碎泥生火腿烤單片麵包(P.030)這樣的料理,配上一杯肉桂鳳梨調味蘭姆酒(P.064),就是一個很棒的夏季簡單料理組合或是Apero(餐前開胃菜)。

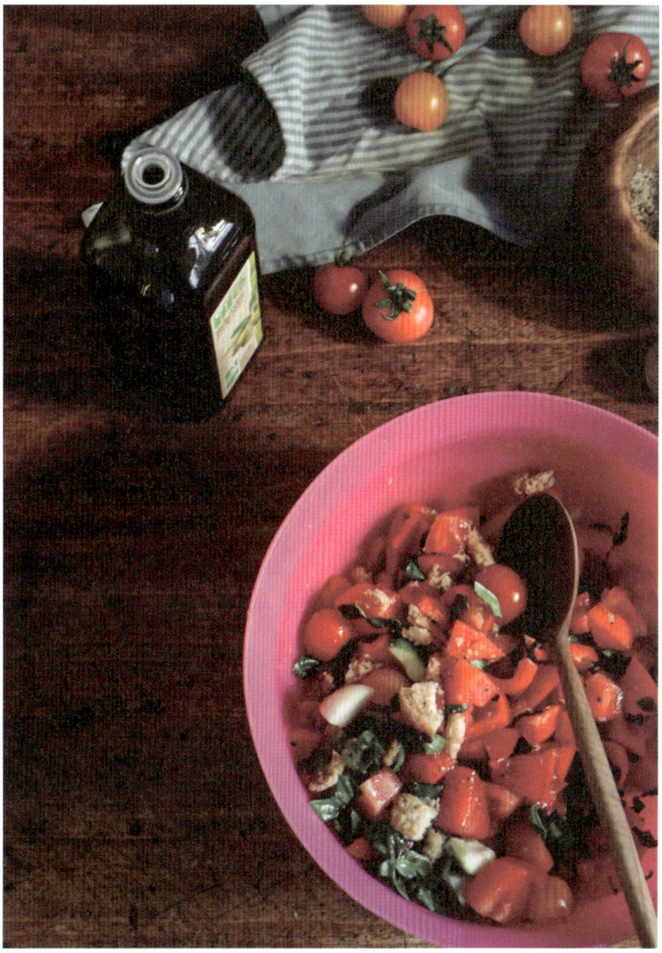

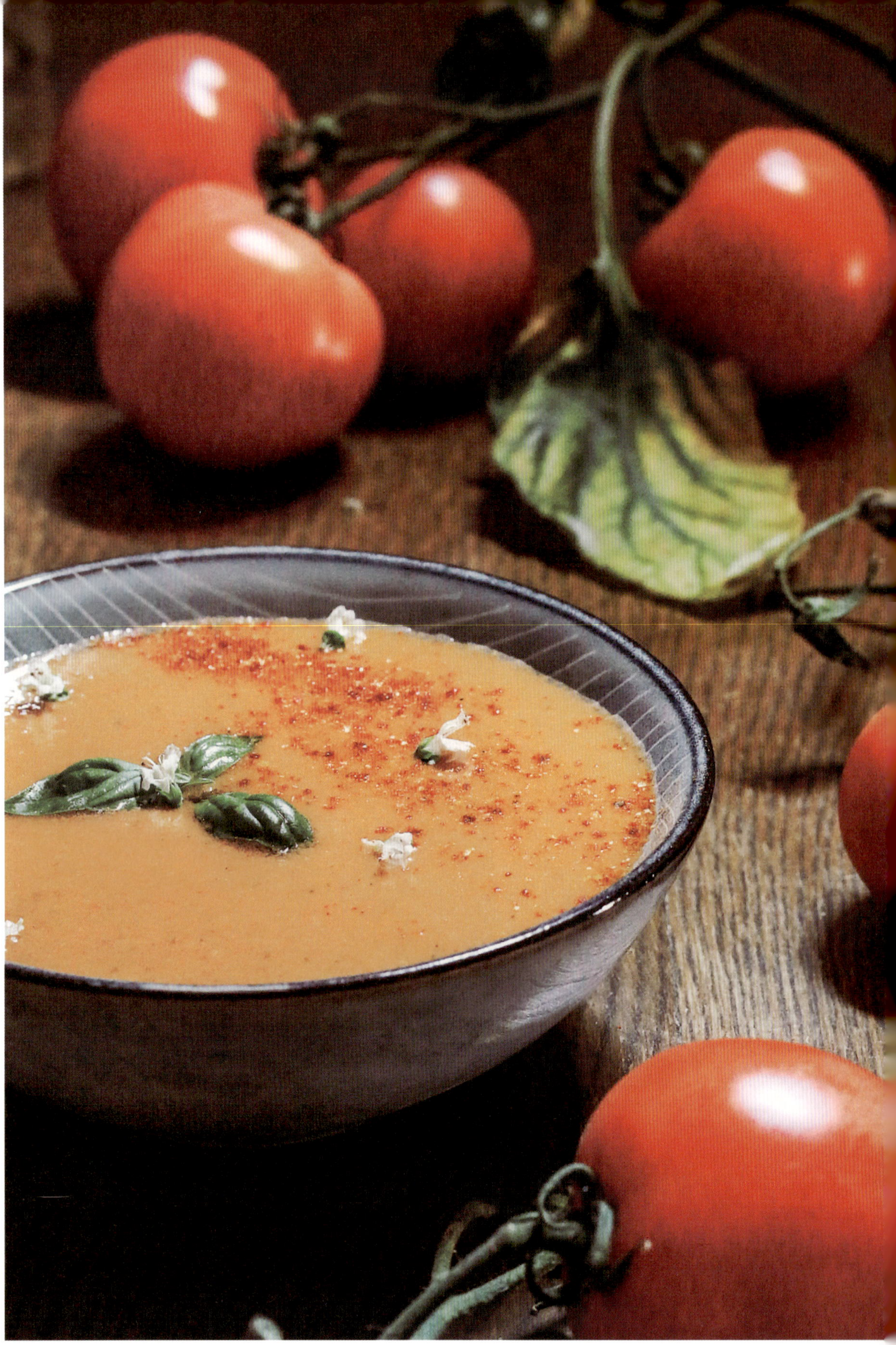

食材　— 7 顆　　番茄

　　　— 1 顆　　綠甜椒

　　　— 1 顆　　紅甜椒

　　　— 1 顆　　黃甜椒

　　　— 1 瓣　　紅蔥頭

　　　— 3 瓣　　蒜頭

　　　— 150ml　雪利酒醋

　　　— 1 把　　羅勒

　　　— 2 片　　變硬的鄉村麵包

　　　— 100ml　橄欖油

　　　— 適量　　研磨胡椒、海鹽

　　　— 適量　　水

　　　— 適量　　甜椒粉

1. 將番茄洗淨後切塊，放進大碗裡，紅蔥頭、蒜頭去皮切碎也放入大碗。

2. 將麵包撕碎放入碗裡，倒入雪利酒醋直到麵包全部都吸收後，再移放進步驟 1 的碗裡，羅勒摘下葉片切碎後放入，以研磨胡椒、海鹽調味，倒入 50ml 橄欖油混合攪拌後，蓋上蓋子或是封上保鮮膜，放入冰箱冷藏一個晚上。

3. 隔天，將全部的食材放進食物調理機，倒入適量的水和剩下的橄欖油，盡量不要打得很濃稠，過稠再加水打，過濾（不過濾吃全食物也可以）盛入碗裡，淋上少量橄欖油，撒上一點點甜椒粉，最後以羅勒葉裝飾即可。

TIPS

1. 這道冷湯因為有放雪利酒醋，味道酸酸的，十分開胃，很適合炎熱的夏天享用。如果沒有把握能夠接受酸度請放 100ml 就好，等所有食材打成湯後，試喝看看，能夠接受再酌量增加酒醋。

2. 一次可以大份量製作，放在冰箱保存也可以隨時當飲品喝。

SUMMER

櫛瓜花填瑞可塔乳酪和新鮮香草

Beigne fleurs courgette à la ricotta et des herbes fraiches

這是道邪惡的蔬菜料理，很容易使人一口又一口的吃著，因為真的很美味又不會有飽足感，搭配啤酒也很下酒。

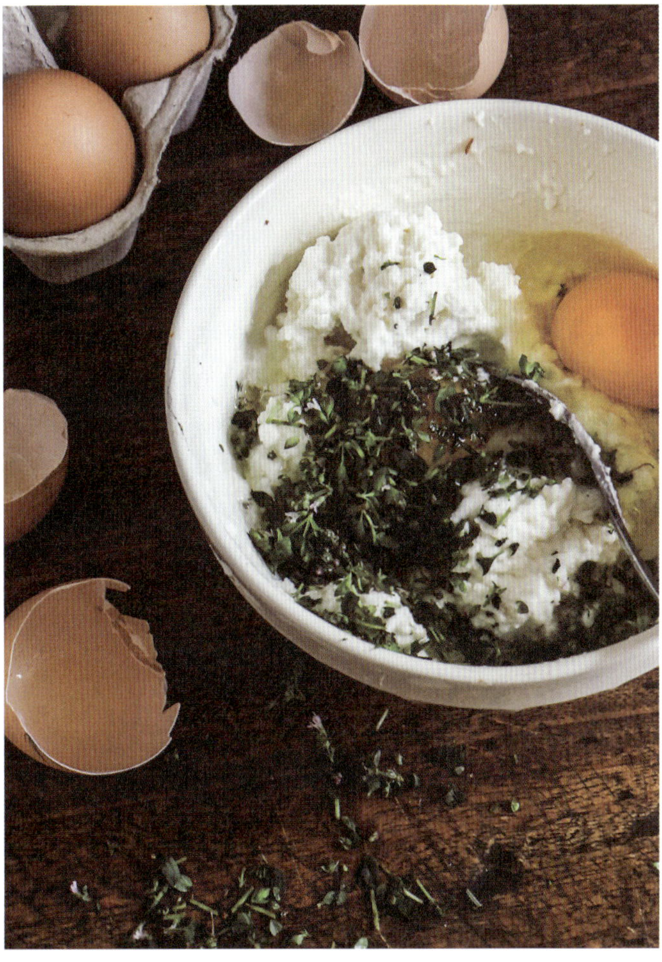

SUMMER

食材 ─ 6朵　櫛瓜花含小櫛瓜
　　 ─ 300g　瑞可塔乳酪（Ricotta）
　　 ─ 80g　切邊麵包
　　 ─ 2顆　新鮮雞蛋
　　 ─ 3支　百里香與百里香花
　　 ─ 1支　奧勒岡
　　 ─ 3大匙　橄欖油
　　 ─ 30g　帕瑪森乳酪碎
　　 ─ 適量　海鹽、研磨胡椒

1. 將烤箱以180度預熱。新鮮香草洗乾淨擦乾水份，摘下葉片備用。

2. 將瑞可塔乳酪、撕碎的切邊麵包、兩顆全蛋、百里香、百里香花、奧勒岡放入調理碗裡，倒入橄欖油拌勻，以少量海鹽調味。

3. 將步驟2的乳酪餡放入擠花嘴裡，打開櫛瓜花的兩瓣花瓣將乳酪餡擠入，小心不要讓內餡流出來，再將花朵輕輕轉不要太用力，將內餡封在花朵裡。

4. 烤盤刷上少量的橄欖油，放上小櫛瓜連帶花朵，淋上橄欖油，撒上研磨胡椒，烤15分鐘。出爐後，馬上撒上帕瑪森乳酪碎，趁溫熱享用。

TIPS

如果買不到瑞可塔（Ricotta）乳酪，可用1顆Mozzarella乳酪加2大匙的濃縮鮮奶油混合替代。

蒜香薄荷櫛瓜冷湯
Soupe glacée du courgettes à l'ail

天氣一熱，菜園裡的櫛瓜就會肆無忌憚的長到來不及吃，最好的料理方式就是做成湯品，加入杏仁增加維他命 B，薄荷葉讓風味帶點涼爽感消除暑意，這碗湯不需要花很長的時間熬煮，十分健康又營養，豆漿可以其它植物性豆奶替代製作。

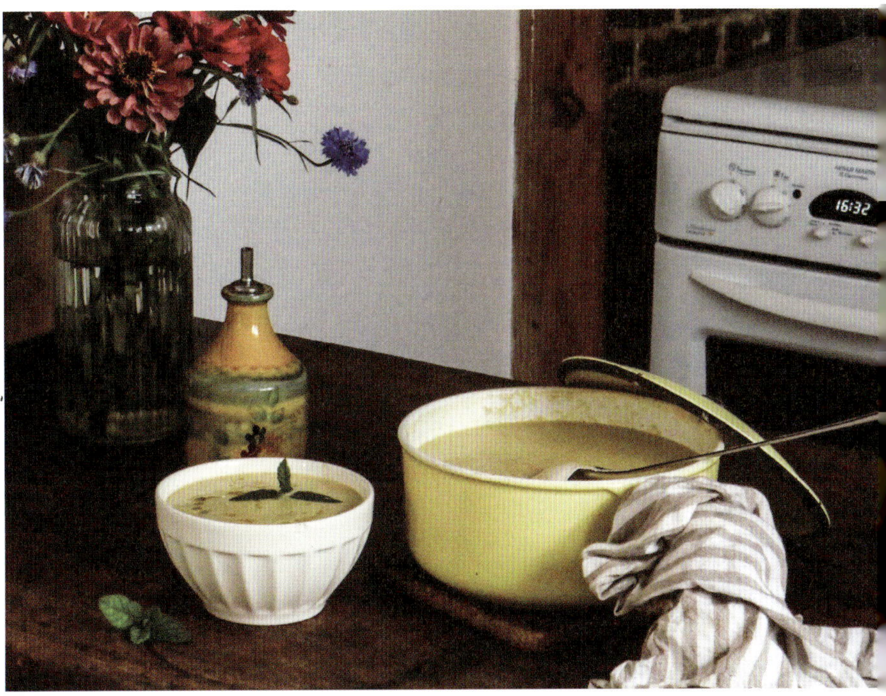
16:32

SUMMER

食材 — 1.2kg　櫛瓜
　　　— 10瓣　蒜頭
　　　— 1把　薄荷葉
　　　— 4大匙　橄欖油
　　　— 750ml　豆漿
　　　— 1把　烤熟的杏仁果（無調味）
　　　— 適量　海鹽、研磨胡椒

1. 將櫛瓜洗乾淨後對切，再切成比較快煮熟的小片狀。蒜頭去皮壓碎。在鑄鐵鍋裡加入 2 大匙橄欖油，再放進壓碎的蒜頭與櫛瓜，炒 3～5 分鐘。

2. 倒入豆漿煮 3 分鐘，放入杏仁果，再煮 3～5 分鐘。

3. 煮湯的同時，準備一個大沙拉碗，放進冷水與少量冰塊（冰塊分兩三次放）。煮好的湯倒入另一個大碗裡，再移放到放有冰塊跟冷水的大沙拉碗上，一邊攪拌湯，一邊將冰塊放進大沙拉碗的冷水裡，攪拌到湯冷卻，放進冰箱冷藏。

4. 取出步驟 3，倒進食物調理機裡，加入 1 大匙橄欖油和幾片薄荷葉、海鹽、研磨胡椒打成濃湯狀，再過篩成無菜渣滑順的質感，放進冷凍庫約 15 分鐘。

5. 從冷凍庫裡取出，盛碗，淋上少許橄欖油，撒上幾片薄荷葉，即可飲用。

TIPS

1. 豆漿可以用杏仁奶來替代。

2. 將湯放在裝有冷水與冰塊的大沙拉碗裡降溫，是為了保持住櫛瓜漂亮的顏色。

3. 櫛瓜煮的時間很短，因為櫛瓜本身是可以生吃的，如果想要更熟些，一定要將櫛瓜切成小薄片煮，越小越薄煮的時間雖短但很快就熟了。如果切很薄又煮很久，那樣就會失去櫛瓜的味道，顏色也會跟著變深。

雞高湯小番茄新鮮巴西里火腿水煮蛋凍
Oeuf en gelée

在酷熱的夏季,我們很喜歡吃涼菜、冷湯之類的料理,這道是法國勃艮地的家常小菜,主要食材以巴西里、火腿與水煮蛋,如果覺得蔬菜不多,可以加入自己喜歡的蔬菜來讓這道涼菜視覺效果更漂亮。

食材　— *300ml* 清雞高湯（作法請參閱冬季食譜 *P.024*）
　　　— *4顆*　新鮮人道飼養雞蛋
　　　— *4片*　吉利丁片
　　　— *4顆*　小番茄
　　　— *1小把* 新鮮巴西里
　　　— *1片*　後腿肉巴黎火腿

1. 將吉利丁泡在冷水裡約 10 分鐘，泡至軟化。巴西里切碎備用。雞高湯煮滾後，熄火，將吉利丁擠乾水份，放入攪拌。

2. 在小模具四周塗上少許植物油，倒入少許雞高湯，放入巴西里葉碎，再放入冰箱冷藏 10 分鐘。

3. 冷藏的同時，起一鍋滾水，放入新鮮雞蛋煮 6 分鐘，取出放入冷水裡，剝殼。

4. 取出步驟 2，放入對切的小番茄、火腿跟水煮雞蛋，再倒入剩下的雞高湯，放進冰箱一個晚上使其凝固。

5. 隔日，將步驟 4 放入裝有溫水的盆子幾秒後，就可以將水煮蛋凍順利脫膜。

海鮮鹹派
Quiche fruits de mer

鹹派就如亞洲炒飯一樣的家常料理,放入海鮮需要注意海鮮去腥與新鮮度問題,因為入口享用方便,有殼的必須全部去除跟徹底清潔乾淨,使用有刺的魚肉確保魚刺全剔除才能加入蛋奶液裡混合。

鹹酥塔皮	— 1 顆 蛋黃
	— 125g 奶油
	— 250g 麵粉
	— 適量 海鹽、研磨胡椒
	— 60ml 冷水

貝類湯汁	— 8～10g 新鮮干貝
	— 500g 淡菜
	— 100g 生蝦
	— 200ml 白酒（有果香的）
	— 適量 橄欖油
	— 1 顆 夏洛特紅蔥頭
	— 2 瓣 蒜頭
	— 1 小把 巴西里

內餡 & 奶餡	— 20g 奶油
	— 20g 麵粉
	— 20g *Emmental* 乳酪絲
	— 350ml 濃縮鮮奶油
	— 3 顆 雞蛋
	— 適量 海鹽、*Espelette* 辣椒粉

（製作派皮）

1. 烤箱以 180 度預熱。將放在室溫軟化、切成塊狀的奶油和過篩麵粉放入調理碗裡，以海鹽和研磨胡椒調味，再用手將麵粉和奶油搓揉成沙狀（奶油與麵粉混合未有液體加入前的狀態）。

2. 在奶油麵粉沙堆裡做出一個洞，放入蛋黃和水，用食指將蛋黃搓開慢慢跟水混合，再順時針將周邊麵粉慢慢的攪拌進來，最後用雙手搓揉麵團（最後的麵團會將桌面的多餘粉末沾取乾淨）。

3. 將麵團放入冰箱冷藏約 30 分鐘或是一個晚上，取出麵團擀成大張派皮，再放進約 30cm 已經抹油的塔模盤裡，讓派皮貼緊塔模，切除頂端多餘的派皮。放進烤箱盲烤 15 分鐘。

（製作貝類湯汁）

4. 清洗生蝦和淡菜備用。將平底鍋加熱，倒入適量的橄欖油，再放入干貝、生蝦、蒜末、紅蔥頭末、巴西里碎，倒入白酒，煮幾分鐘後放入淡菜，煮到淡菜打開即可熄火，以濾網過篩。將生蝦剝殼去頭，淡菜取出肉備用。

（製作鹹派奶餡）

5. 在平底鍋裡放入奶油，奶油融化後加入麵粉快速地將麵粉與奶油攪拌混合，直到呈現濃稠狀，倒入 200ml 的貝類湯汁、濃縮鮮奶油、雞蛋、辣椒粉和乳酪絲，攪拌煮到表面為濃稠狀態即可離火。

（烘烤）

6. 將海鮮食材放進派底各處，再倒入奶餡，以烤箱 180 度烤 25 分鐘即可，趁溫熱享用。可以搭配綠色沙拉和一杯白酒一起享用。

薑味草莓沙拉
Salade de fraise au gingembre

一般來說，薑、檸檬、薄荷的組合就想到泰國風味料理，其實它們跟草莓十分搭配，草莓也不只能當水果享用，做成沙拉是許多法國家庭料理常見的作法。

食材 ─ *300g* 中小型草莓
　　 ─ *3* 大匙　蜂蜜
　　 ─ *1* 顆　　綠檸檬
　　 ─ *1* 小匙　薑末
　　 ─ *5* 把　　薄荷

1. 將草莓快速地在流動的水下沖洗，擦乾水份。如果太大顆可以用長型切法切成 4 瓣或是 2 瓣。

2. 薄荷葉切碎。檸檬搾汁。將草莓、檸檬汁、薑末、蜂蜜和 1 小匙的薄荷葉碎混合，靜置 15～30 分鐘。

3. 將草莓瀝乾醬汁，享用前的 30 分鐘再撒上剩下的薄荷葉碎即可。

TIPS

可以搭配杏仁瓦片一起享用。

自家烤肉醬
Sauce BBQ fait maison

我的家常烤肉醬很適合用來沾烤牛肉、雞翅、雞腿或是豬排,除了魚類、海鮮幾乎很萬用。烤肉醬做好後,我會挖出使用的量,然後擠入 1/4 顆的檸檬汁,和香菜混合後,搭配烤肋排或是雞腿,口味辣的人可以再加點生辣椒片即可。

食材
— *1* 小顆　洋蔥
— *2* 瓣　　蒜頭
— *1* 大匙　葵花油
— *10ml*　　番茄醬
— *500ml*　番茄泥
— *2* 大匙　蜂蜜
— *2* 大匙　伍斯特醬（*Worcestershire*）
— *1* 把　　百里香
— *1* 顆　　綠檸檬汁
— *3* 大匙　葛瑪蘭威士忌
— *1* 小匙　辣椒醬
— *2* 小撮　*Espelette* 辣椒粉
— 適量　　海鹽、研磨胡椒

1. 將洋蔥和蒜頭去皮後，切成小丁塊。在小鍋裡倒入葵花油，先將洋蔥末炒香，再加入蒜末翻炒幾秒，加入海鹽、研磨胡椒、番茄醬、番茄泥、蜂蜜、伍斯特醬、百里香葉、綠檸檬汁、威士忌、辣椒醬、Espelette 辣椒粉。

2. 以小火慢煮 30 分鐘，煮到快要濃稠的質感，再用食物調理機打成泥（也可以不打），裝進已經消毒乾淨的玻璃罐裡，冷卻後放進冰箱冷藏保存。

蘋果酒醋漬烤豬肋排
Poitrine braisée au vinaigre maison pomme de perre nouvelles

在法國使用蘋果酒或是酒醋來做料理是常見的手法，酒醋能使肉質變得更加柔軟、酸味也能在烤肉的過程減少致癌問題，我常使用自己做的蘋果發酵醋來醃漬烤肉，因為它有著蘋果自然的香味，烤出來的肋排自然也帶著水果香氣。

食材	— 2 大塊 豬肋排
	— 12 顆 小顆馬鈴薯
	— 8 片 月桂葉
	— 適量 橄欖油

蘋果酒醋醃醬	— 50g 蔗糖
	— 5 大匙 橄欖油
	— 4 大匙 自家烤肉醬（P.050）
	— 5 大匙 蘋果汁
	— 3 大匙 蘋果酒醋
	— 2 大匙 醬油
	— 2 大匙 濃縮番茄糊
	— 6 瓣 蒜頭
	— 1 把 迷迭香葉
	— 1 小撮 辣椒粉
	— 適量 海鹽、研磨胡椒

1. 將所有食材放入調理碗裡混合均勻，肋排放在一個有深度的大盤子裡，淋上醃醬，均勻地抹在肋排四周，再用保鮮膜包起來放進冰箱至少 2 個小時，如果可以放一個晚上肉質會更嫩，香氣更足，也更入味。

2. 起一鍋水，放進洗淨的馬鈴薯，以中小火煮約 15～20 分鐘，煮至竹籤插入能夠輕鬆穿過的狀態即可取出放涼。

3. 將竹籤泡水，插入 1 顆馬鈴薯，再插上 1 片月桂葉，重複串成一串，再淋上橄欖油。

4. 木炭生火後，烤肉架上事先以檸檬擦拭過，將檸檬放在一旁火烤不到的地方，再放上馬鈴薯串以及醃漬肋排，每 15 分鐘將肋排翻面，直到肋排表面烤出酥脆的外皮。搭配烤馬鈴薯一起享用，記得搭配無糖澀感的蘋果酒，絕配。

TIPS

1. 竹籤事先泡過水可以避免烤時，火焰過大而燒焦竹籤。

2. 烤架上事先用檸檬抹過一兩遍再烤，可以避免產生致癌物。

3. 如果不用烤肉架，使用烤箱以 180 度烤 20 分鐘後，再以 200 度烤 10 分鐘，直到肋排表面酥脆即可。

無花果、Mozzarella、油漬櫻桃番茄烤茄子
Aubegine grillées aux figues tomates et mozzarella

夏末，最後一顆茄子還掛在茄株上，今年秋天來得快，天氣忽冷忽暖的，總之秋天將至，夏至烤了幾罐的油漬番茄，再採幾顆熟軟的無花果，和茄子一塊烤成蔬菜姐提那 (Tartine)，這樣的開胃菜如果夠豐富就能夠替代主餐，很有飽足感。

SERVES 4

食材
— *200g* 　油漬番茄
— *8* 顆　無花果
— *8* 大匙 橄欖油
— *4* 顆　紫茄子
— *4* 支　羅勒
— *3* 支　青蔥
— *3* 大匙 檸檬汁
— **2* 顆　*mozzarella* 乳酪
— 適量　海鹽、研磨胡椒

*2 顆約 125g

1. 烤箱以 180 度預熱。茄子清洗過，擦乾水份，長型對切成二，接著用刀尖劃出格子線。橄欖油混合檸檬汁淋在茄子上，再撒上海鹽、研磨胡椒，烘烤 45 分鐘。

2. 清洗無花果，切成長型四等份。取出油漬番茄瀝乾油。青蔥切成細薄片。mozzarella 切小塊。將所有切好的食材鋪在剖半的茄子上面，除了羅勒葉之外，以烤箱烤 15 分鐘。出爐後淋上油漬番茄裡的橄欖油，擺上幾片羅勒葉，趁溫熱享用，記得搭配粉紅酒。

烤蔬菜凍
Terrine aux légumes grillées d'été

這道料理需要很長的時間製作，不妨稍微提早一點製作，蔬菜凍能在冰箱裡保存24個小時。我們能將這道菜運用在前菜或是開胃菜跟幾片烤過的雜糧麵包一起享用，或是搭配冷肉、火腿之類的食材，最後用乳酪或是水果來結束一場滿足且美味的家庭晚餐。

食材

- 1 顆　　　黃甜椒
- 1 顆　　　紅甜椒
- 1 顆　　　茄子
- 2 條　　　櫛瓜（可選黃綠色各一）
- 2 顆　　　紅洋蔥
- 1 小把　　新鮮巴西里
- 1 小把　　歐式香菜
- 1 小把　　羅勒
- 5～6 大匙　橄欖油
- 3 小撮　　*Espelette* 辣椒粉
- 4 支　　　百里香
- 180g　　油漬番茄

1. 將甜椒切成二等份或是四等份，茄子和櫛瓜切成長片狀（利用削皮器或是切片機）約 1cm 的厚度，洋蔥也切成片狀。將巴西里葉、羅勒葉、歐式香菜葉摘下，隨意切成大片狀之後，放入調理碗裡備用。

2. 將烙盤放在火爐上加熱，放入蔬菜片，每面各烤 1 分鐘，依照切片的大小斟酌烙烤的時間。烙烤好的蔬菜片鋪放在大盤子上，全部烙烤好後，淋上橄欖油，撒上辣椒粉以及切碎的香草，加入百里香葉，最後用手將蔬菜和香草混合均勻。

3. 取 1 個約 20 或是 22 公分長的烤模，底層鋪上一張食用的玻璃紙，烤模四面也需將玻璃紙貼合。再將蔬菜依序放入層層疊著，油漬番茄最好置於中層位置，再疊上其它顏色相同的蔬菜，堆疊好後，用湯匙背面將蔬菜壓緊。

4. 將玻璃紙蓋上，放進一個大小適中的箱子或是深盤裡，再放上一個盤子疊上一個重物，最後放到冰箱冷藏一個晚上。取下重物，將蔬菜凍倒扣在盤子上，切片即可享用。

黑芝麻蘿蔔與茴香絲沙拉
Carottes et fenouil pâtés au sésame noir

過往記憶裡沙拉就是用橄欖油、海鹽、胡椒粒跟酒醋調味,用胡麻油與黑芝麻做的蘿蔔絲沙拉很顛覆法國一般正常的沙拉作法,這道比較接近亞洲味,法國人試過一次後幾乎都很愛的味道。

食材　— 400g　　紅、黃蘿蔔
　　　— 1 小顆　茴香
　　　— 2 顆　　綠色檸檬
　　　— 1 小塊　薑
　　　— 1 支　　青蔥或
　　　　1 小把　細香蔥
　　　— 1 小把　新鮮香草（細香蔥、龍蒿、
　　　　　　　　茴香鬚、歐芹）
　　　— 3 大匙　胡麻油
　　　— 1 大匙　黑芝麻或
　　　　　　　　芝麻粉
　　　— 適量　　海鹽及研磨胡椒

1. 將紅、黃蘿蔔去皮切成細絲，再將青蔥、茴香皆刨成絲。

2. 檸檬榨汁備用。新鮮香草切碎，小塊薑磨成碎泥約需要 1 小匙的量。

3. 在大的沙拉碗裡，混合胡麻油、檸檬汁、香草碎、黑芝麻跟薑泥，再放入海鹽和胡椒調味混合。

4. 將調味好的醬汁倒入已經切好的蔬菜絲裡，攪拌混合後，再撒上少量的黑芝麻，放入冰箱冷藏至少 2 個小時，讓蔬菜絲確實地入味。享用前再擠入一些檸檬汁，攪拌後即可享用。

TIPS

1. 這道沙拉要充分入味，一定要在做好後放入冰箱冷藏幾個小時，讓醬汁慢慢進入紅黃蘿蔔絲裡。

2. 蔬菜部份可以用根莖蔬菜替代，例如甜菜根、高麗菜、菜心等硬質的蔬菜。

罌粟花糖漿
Sirop de Coquelicot

夏季遠端山丘最高處的麥田裡，總會開著花瓣薄如絲般的罌粟花，看上去整片紅的景色美極了。散步的時候總不自覺地走入麥田裡採花，摘取一些做成糖漿，特殊的香氣讓人歡喜，忍不住留戀。

食材 — *200g* 　　　　罌粟花瓣
　　　— *250ml* 　　　　水
　　　— 與取汁後同份量 蔗糖

1. 快速地取下罌粟花瓣。

2. 起一鍋滾水，將罌粟花瓣放入攪拌與水混合，再以中小火煮 10 分鐘。

3. 過濾罌粟花水和花瓣，盡量將花瓣的汁液擠乾，再將汁液重新倒回鍋內，放入蔗糖，以中小火煮滾後，繼續煮約 5 分鐘成稠狀，熄火裝罐即完成。

TIPS

1. 採集罌粟花最好是自家後院或是庭院裡的，或是田野間不施肥的。

2. 糖漿請務必放在陽光照射不到的地方保存。

3. 糖漿煮稠與否如何測試？用木匙攪拌糖漿後，用手指在木匙圓柄處劃開，糖漿不回流，停留在手指劃開後的狀態就是完成了。

水蜜桃薄荷冰茶
Thé glacé à la pêche

這個冰茶很適合露營或是野餐時前一天準備好,泡了兩天的冰茶風味比市面上賣的水蜜桃薄荷冰茶還要濃郁,味道更好。

食材
— *1* 顆 有機水蜜桃
— *5* 支 薄荷
— *1* 顆 有機檸檬
— *1* 包 有機綠茶包
— *1.5L* 礦泉水

1. 起一鍋滾水,放入茶包,離火靜置約 5 分鐘。

2. 將水蜜桃切塊,檸檬橫切圓片狀,放進瓶子裡,倒入礦泉水,放入薄荷葉,再倒入微溫的綠茶,放進冰箱約 3 個小時。若要味道濃郁最好是浸泡 2～3 天,能夠喝到涼爽薄荷味以及水蜜桃香。

香草肉桂鳳梨調味蘭姆酒
Rhum arrangé de bananes vanille et cannelle

夏天最好的調酒喝法就是加入果汁，喝蘭姆調味酒的入門款就是選用一種水果打成純果汁後，倒入少量的調味蘭姆酒就可以了。 我們喜歡加新鮮鳳梨汁之外，再加入椰奶就是 Porto rico 有名調味的鳳梨可樂達了。

食材 — 700ml　透明蘭姆酒
　　 — 1/2 顆　熟軟的鳳梨
　　 — 1 大塊　薑
　　 — 4 支　　肉桂棒
　　 — 1/2 小匙 乾燥香茅粉
　　 — 1 顆　　有機綠檸檬
　　 — 2 支　　香草莢
　　 — 80g　　蔗糖

1. 將薑去皮，切成小塊狀。綠檸檬去皮去白膜（也可以使用拋皮器去皮），再擠出檸檬汁。

2. 將香草莢對切用刀尖將香草籽取出。鳳梨去皮後切成 8 塊長條狀。

3. 將香茅粉、薑塊、綠檸檬皮、檸檬汁、蔗糖、鳳梨塊放入密封罐裡，再倒入酒後，蓋上蓋子保存，放在陽光照射不到的地方醃漬 3 個月，就可以喝了。

TIPS

1. 也可以不放香料僅放香草莢、鳳梨、糖和蘭姆酒。　|　2. 冬天時可以溫熱飲用。

薰衣草水蜜桃甜湯
Pêche pchées à la lavande

為了讓桃類的湯色更好看，所以我用染色力強的莓果，也可以用黃色的杏桃果醬讓湯色變黃一些，更接近桃類果肉色。水果甜湯在夏季吃起來很舒爽且容易做，有時候可以利用果醬，除了增加湯品色澤也能減少用糖量。

食材　— 6 顆　較熟且紮實的水蜜桃
　　　— 150g　春天蜂蜜或
　　　　　　　薰衣草蜂蜜
　　　— 5 支　薰衣草
　　　— 800ml 水

1. 起一鍋滾水，放入水蜜桃煮約 30 分鐘，取出放入冷水裡去皮。

2. 另準備一鍋 800ml 的水，放入薰衣草、蜂蜜煮滾約 10 分鐘後，靜置約 20 分鐘，讓薰衣草濃郁的香氣釋放在甜湯裡，保持甜湯在溫的狀態時，放入去皮的水蜜桃，再放入冰箱冷藏，冷藏時間根據個人喜好的冷度調整。

TIPS

1. 如果手邊沒有有機無毒薰衣草，可以使用容易取得的迷迭香製作，甜湯香氣完全不同。

2. 這道甜湯可以冷食或是溫熱享用。

3. 在享用時，可以加入 1 大匙貴腐酒凝醬，增加甜湯香味。

醋漬櫻桃蘿蔔
Pickles de radis

櫻桃蘿蔔很容易種,收成也快,往往一把種子灑上收成就多,一時之間也吃不完,做成醋漬後,往後到明年收成之前就能慢慢吃了,再也不用擔心過多吃不完的問題。

食材 — *1* 把　櫻桃蘿蔔
　　　— *150ml* 白酒醋
　　　— *50ml*　水
　　　— *50g*　　白砂糖
　　　— *1* 顆　丁香
　　　— 少許　粉紅色胡椒粒
　　　— *2* 片　月桂葉

1. 將櫻桃蘿蔔洗淨，切除綠葉與莖的部份。

2. 將白酒醋、水、糖、丁香、月桂葉與胡椒粒放入鍋裡一起煮，煮滾 1 分鐘即可。

3. 將櫻桃蘿蔔放進乾淨且消毒過的玻璃罐裡，倒入步驟 2，1 個月後即可享用。

TIPS

1. 櫻桃蘿蔔的辣刺味浸泡在白酒後就會消失。

2. 白醋香料水不需要煮太久，主要是之後還需要長時間將櫻桃蘿蔔泡在醋裡，使其入味。

3. 這類的醃漬品放越久會越好吃，務必存放在陰涼不受陽光照射的地方，可以放上好幾年。

鮮奶油香草冰淇淋
La glace de la crème fraîche

某天去村莊上的牧場買牛奶和奶油時,聽到客人跟牧場老闆娘說她的草莓冰淇淋作法真的很好吃,我好奇之下問了問,正好草莓季已過,老板娘的鮮奶油香草冰淇淋濃郁滑順,說是人間美味一點也不誇張,當然鮮奶油要好才是真正的關鍵。

食材 ─ *500nl* 濃縮鮮奶油
　　 ─ *2 支*　香草莢
　　 ─ *125g*　細糖

1. 前一天將冰淇淋機內桶放至冷凍庫冷凍一個晚上。

2. 隔天將鮮奶油倒進大調理碗裡，加入糖，將糖攪拌融化，與鮮奶油充分混合。

3. 將香草莢對剖後，用刀尖取出香草籽，放入鮮奶油裡，再度重新攪拌混合。

4. 將香草鮮奶油倒入冰淇淋機內桶，再放回機器裡，開機攪打至呈現冰淇淋霜狀後，倒入冰淇淋盒裡，以冰箱冷凍 3 個小時即可。

（如果沒有濃縮鮮奶油）
請使用液態鮮奶油，放入糖與香草籽一起打發成霜狀，接近法式香堤醬（Creme Chantilly）的狀態，倒入冰淇淋機內桶，再放回機器裡，開機打至呈現冰淇淋霜狀後，倒入冰淇淋盒裡，冰箱冷凍 3 個小時即可。

TIPS

1. 如果沒有香草莢，用香草糖亦可。

2. 使用的鮮奶油的乳脂度要超過 30%。

3. 冰淇淋除了單吃，也可以替代法國人的濃湯加入鮮奶油的作法（P.134），或加入黑咖啡一起飲用。

巧克力櫛瓜蛋糕
Gâteau chocolat-courgette

這是個沒有任何油脂以及麵粉，使用超少量糖（糖僅做蛋黃混合用）製作而成的巧克力蛋糕，這是近一兩年法國盛行的蔬菜巧克力蛋糕，入口完全感覺不出來有櫛瓜存在在蛋糕裡。

73

SUMMER

食材　— *250～300g*　新鮮櫛瓜
　　　— *300g*　　　70% 以上的黑巧克力
　　　— *4 顆*　　　新鮮雞蛋
　　　— *40g*　　　有機蔗糖或是細糖
　　　— *35g*　　　無糖可可粉
　　　— *35g*　　　玉米粉

1. 將有機櫛瓜刨絲，儘可能刨細一點，再用手將櫛瓜水份擠掉，秤重約 250～300g 重。

2. 黑巧克力切塊後放入一個鍋裡，再準備個外鍋，倒入煮滾的熱水，將裝有巧克力的鍋放入隔水加熱融化。

3. 將 4 顆雞蛋的蛋黃與蛋白分開，一個鍋裡放入有機蔗糖或細糖加入蛋黃攪拌混合，再加入無糖可可粉與玉米粉再度重新混合，加入櫛瓜絲再度攪拌後，將融化的黑巧克力加入混合均勻。蛋白裡加點鹽打發成鳥嘴下垂狀態後，加入巧克力麵糊裡混合。

4. 準備 20～23cm 的烤模，底層鋪上一張與底部同樣大小的烘焙紙，倒入巧克力麵糊。

5. 烤箱 180 度預熱，將烤模放入烤 30 分鐘，出爐後放涼保持微溫後脫模即完成。

覆盆子塔
Tarte aux framboises

> 炎熱天的下午走進後院的花園採收紅潤飽滿的覆盆,想要滿足將滿滿覆盆子塞滿嘴的那種幸福感,十分豪邁毫無顧忌的把新鮮覆盆子鋪滿整個圓塔,幸福感就在入嘴那刻爆發。

77

SUMMER

食材	— 250g	新鮮覆盆子
	— 4大匙	覆盆子凝醬或果醬

酥脆塔皮	— 93g	室溫軟化奶油
	— 1支或半支	香草莢或香草糖
	— 60g	糖霜（糖粉）
	— 27g	杏仁粉
	— 1顆	雞蛋
	— 2小撮	海鹽
	— 155g	麵粉

杏仁奶油餡	— 60g	室溫軟化奶油
	— 30g	杏仁粉
	— 53g	甜點奶霜
	— 60g	細糖
	— 50g	玫瑰水

1. 將奶油、糖與香草籽放入食物調理鋼盆低速攪打混合，加入雞蛋和杏仁粉持續攪拌混合，麵粉過篩後加入，持續攪打到所有食材混合，麵團要能成團且呈現柔軟的質地。

2. 將派皮放進冰箱一個晚上或是至少3個小時，取出派皮擀出厚度，塔模塗上點油後，將派皮放入模具裡，輕壓使派皮緊貼塔模，派底用叉子叉出洞孔，烤箱以170度預熱，烤20分鐘。

3. 軟化奶油切成小塊狀，將杏仁奶油餡的所有食材混合成稠狀。覆盆子果醬塗抹在派底放進冰箱冷藏5分鐘，使其穩定定型後，將奶油餡倒入烤好的派底，以150度烤20分鐘，烤至表面上色即可靜置冷卻。

4. 將新鮮覆盆子鋪在表面，將凝醬加溫軟化成醬汁塗抹在覆盆子果上，放入冰箱冷藏定型約3個小時即可。

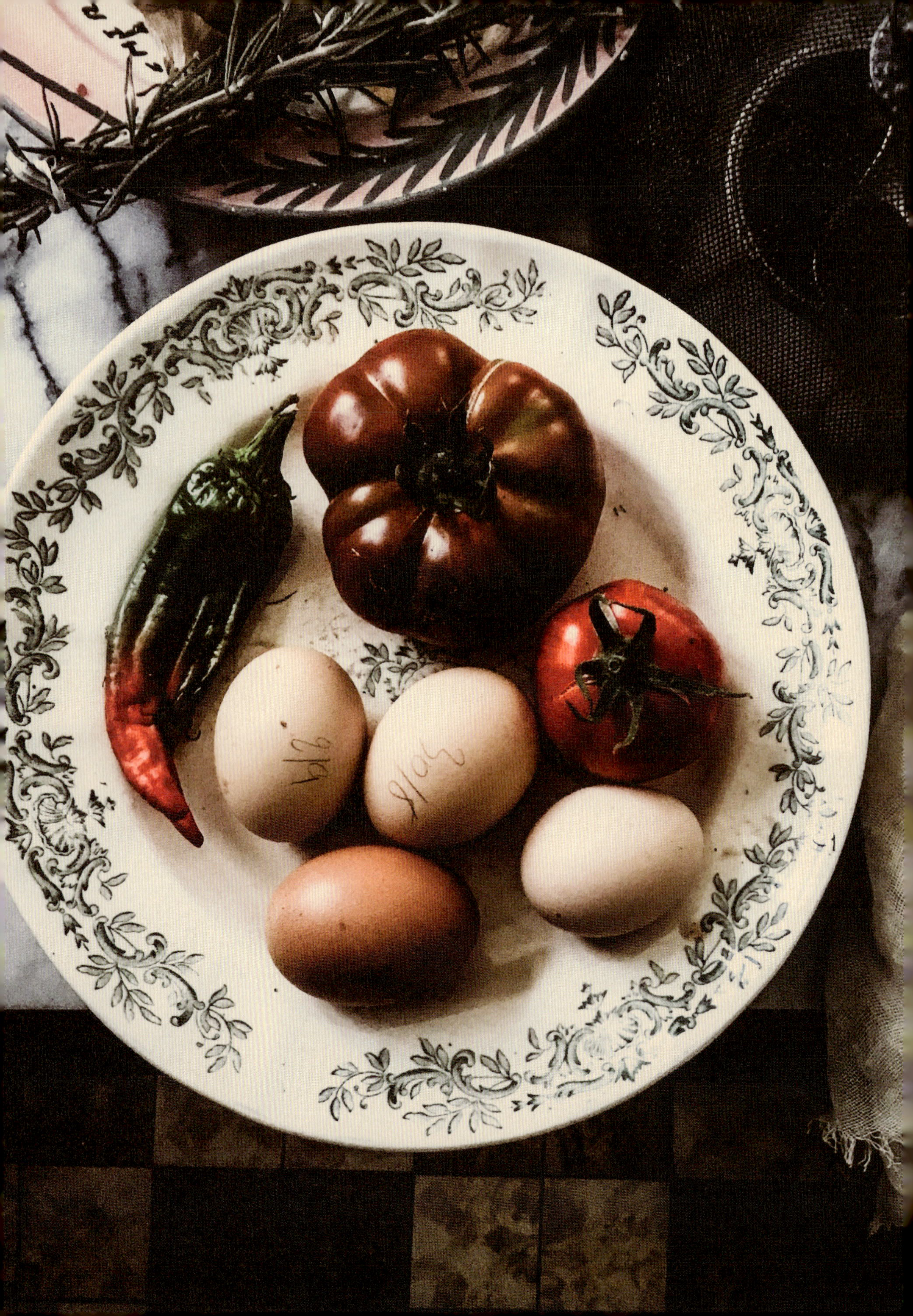

Autumn

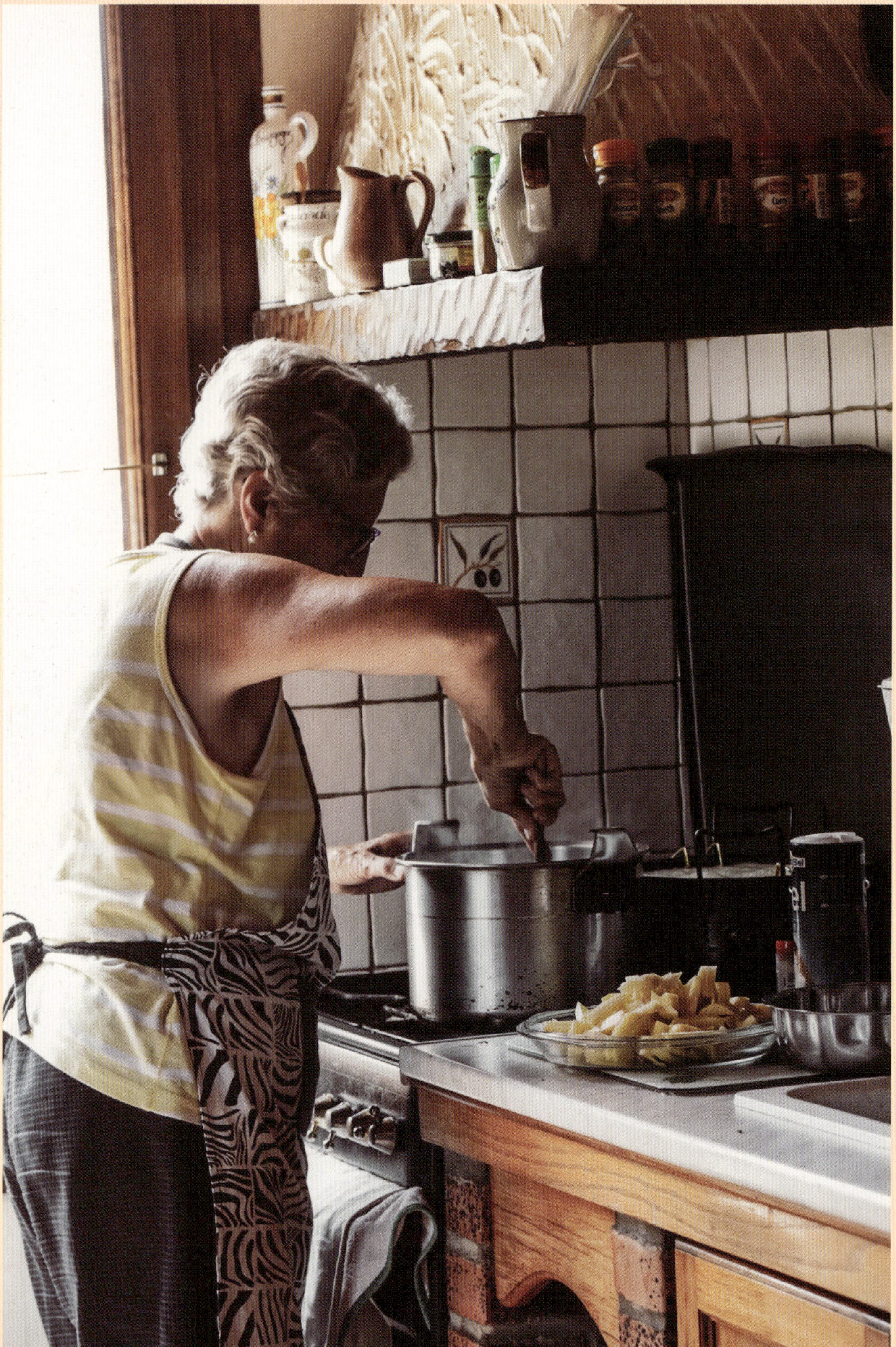

83

84

85

馬鈴薯鬆餅炒菌菇
Gaufres de pommes de terre aux champignons

法國的家庭料理也有地區性的差異,住在法國北邊的人很喜歡吃鬆餅,從小到大的飲食裡不會缺少任何形式的鬆餅。此外,馬鈴薯是北法家庭飲食的主要食材,盛行各種馬鈴薯做成的料理。我將馬鈴薯絲煎餅換成鬆餅,果然家中大小搶著吃,再放上熱炒過的綜合菌菇,本來是小家碧玉的家庭食物,馬上變身成法國小酒館料理,記得要盛上一杯白酒搭配享用啊!

SERVES 4

食材 — 600g　馬鈴薯
　　— 1 把　巴西里
　　— 3 瓣　蒜頭
　　— 1kg　綜合菌菇
　　— 2 大匙　麵粉
　　— 適量　橄欖油
　　— 適量　海鹽、研磨胡椒

1. 將蘑菇的髒污擦拭乾淨，如果是小菌菇用流動的水快速沖洗再瀝乾水份。

2. 蒜頭剝皮，巴西里摘下葉片，再將蒜頭和巴西里切碎混合在一起。

3. 將馬鈴薯去皮，再使用刨檸檬皮的刨皮器刨成絲，如果馬鈴薯有很多水份，先將水份擠乾。加入一半份量的步驟 2、2 大匙麵粉，以鹽和胡椒調味攪拌均勻。

4. 在鬆餅機上塗一些橄欖油加熱後，放入步驟 3，壓熟約 7 分鐘，如果使用的是水份多的馬鈴薯，壓熟時間要更長一些。

5. 壓熟馬鈴薯絲的同時，在平底鍋裡倒入橄欖油加熱，放入菌菇大火快炒約 7 分鐘，加入剩下的步驟 2，以鹽和胡椒調味後離火。

6. 將壓熟的馬鈴薯鬆餅放在盤子上，鋪上炒好的菌菇就能享用了。

TIPS

1. 如果沒有鬆餅機也可以用平底鍋煎，鍋裡放入少量的橄欖油，每面煎約 5 分鐘即可。

2. 馬鈴薯絲如果水份過多，請用網篩過篩將水瀝在大碗裡，瀝出來的馬鈴薯水帶有澱粉，待沈澱約 3 分鐘，將水倒掉沈澱在鍋底的就是馬鈴薯粉，再倒回馬鈴薯絲裡重新攪拌，依照正常程序製作。

北法的炸薯條
Frits du nord

什麼樣的薯條最好吃？自然是自家種植的馬鈴薯炸的薯條最美味。阿公說要吃外皮酥脆的薯條就是要現炸馬上吃！就能品嚐到外酥內軟又燙口好吃的炸薯條，如果能用新鮮馬鈴薯來炸更加的美味。家族裡的大小到阿公家吃飯前都會問：「今天要有炸薯條哦」，以前不能理解，吃過一次之後我懂了法國小孩為何如此熱愛自家炸薯條。吃炸薯條就是要吃到裡面的馬鈴薯口感才是最好吃的。

89

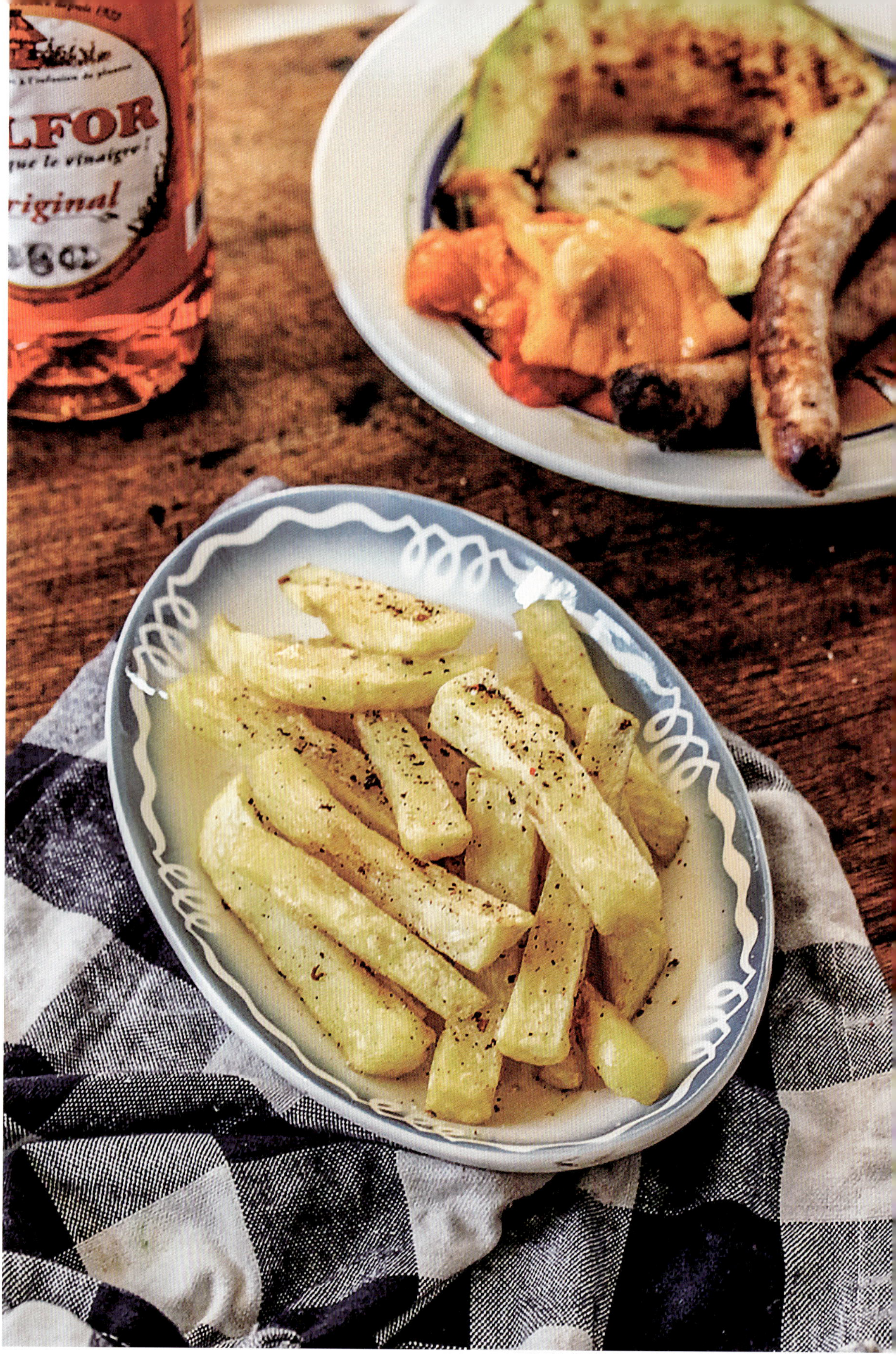
LFOR
que le vinaigre !
riginal

食材 —— *5 大顆　馬鈴薯
　　　—— 1L　　　葵花油或
　　　　　　　　　炸薯條專用油
　　　—— 少許　　海鹽

　　　　*5 顆約 500g

1. 將馬鈴薯洗淨去皮，切片後再切成厚條狀。用乾淨的布將馬鈴薯上的水份吸乾。

2. 在鍋裡倒油加熱，測試油溫是否夠熱，先取一小塊馬鈴薯條放入油鍋裡，若是馬鈴薯條週邊起泡泡表示溫度夠高（約 150 度），即可放入薯條炸約 7～10 分鐘。

3. 撈起薯條後放在餐巾紙上吸油，趁熱撒上少許海鹽跟白酒醋享用。

TIPS

1. 馬鈴薯要選用大顆且紮實的品種，不能鬆軟。去皮後，務必將馬鈴薯表面水份擦乾再下油鍋炸。

2. 淋上白酒醋的薯條格外可口且開胃，是法國北部家庭的常見吃法。

3. 如果薯條炸得不夠上色（有時候是品種關係），在炸第一次時撈起馬鈴薯，油溫升高至 180 度再放進油鍋炸 3 分鐘。

4. 另一種作法：將馬鈴薯切條狀後，放進一鍋冷水裡浸泡 30 分鐘，途中更換幾次冷水，直到水變清澈為止，最後，將馬鈴薯條用乾淨的布將水份擦乾為止。如果使用的馬鈴薯是剛挖出土的，使用這個方法最理想。

5. 撈起後馬上撒海鹽以及一小匙的白醋，或是沾法式美乃滋，或是 Samourai 醬汁（P.092）都很適合。

Samouraï 醬汁
Sauce Samouraï

在製作時這個醬汁的時候,可以邊做邊品嚐看看,再依照自己的喜愛程度加減辣椒泥和番茄醬的份量,這是屬於法北薯條攤特有的薯條沾醬。

食材　— 1 大匙　芥末醬
　　　— 1 顆　　蛋黃
　　　— 200ml　葵花油
　　　— 1 大匙　Ketchup 番茄醬
　　　— 1 瓶蓋　白酒醋
　　　— 1 大匙　辣椒泥
　　　— 適量　　海鹽、研磨胡椒

1. 將芥末醬和蛋黃放入調理碗裡，用打蛋器使力攪拌混合，一邊攪打的同時，一邊慢慢倒入油，此時的狀態已經很接近美乃滋。

2. 直到油倒完後，加入白酒醋，這時手邊攪打動作不能停，接著加入番茄醬和辣椒泥，最後以鹽和胡椒調味即完成。

TIPS

1. 在法國北部，我們使用的北非 harissa 辣椒泥非常的辣，因為加入白酒醋中和，降低辣度。

2. 除了葵花油也可以使用橄欖油或是花生油。

甜菜根、地瓜、馬鈴薯片
Chips pomme de terre, bettavert, patade douce

除了馬鈴薯外,也可以試試紅蘿蔔、甜菜根、地瓜、芋頭等水份少的根莖蔬菜,我發現炸巴西里莖片也很好吃,很適合拿來做餐前的小零嘴。

SERVES 4

食材
— *2* 顆　飽滿的甜菜根
— *2* 條　紮實的地瓜
— *2* 顆　大顆馬鈴薯
— 適量　海鹽
— *1 瓶　炸薯條專用油

＊1 瓶約 500ml ～ 1000ml 不等

1. 將所有根莖蔬菜去皮，再使用削片機或是削皮器削成約 0.2cm 的薄片。馬鈴薯切成薄片後，用廚房紙巾或是乾淨的布，將馬鈴薯上的水份吸乾。

2. 在鍋子裡倒入炸薯條油，轉成大火，油溫達 160 度後放入蔬菜片，炸約 1 ～ 2 分鐘，炸至上色且蔬菜邊的油泡慢慢遞減即可撈起。

3. 將蔬菜片放在廚房紙巾上吸乾油份，趁熱撒上少量的海鹽即可享用。

TIPS

1. 如果沒有蔬果削片機，使用一般削皮器也可以，或是手切。但是，手切難免會有點厚度，這樣炸的時間要再加上 1 分鐘左右。

2. 紮實的根莖蔬菜炸起來的蔬菜片會比較脆，相反的失去水份的根莖蔬菜炸片就會不脆且軟。

3. 炸薯片請勿選用新鮮現採的馬鈴薯，水份較多，最好使用已經採收約存放兩個月以上的馬鈴薯。更講究一點，可以將切好的馬鈴薯片和地瓜片泡在冷水中 30 分鐘，再將薄片的水份擦拭掉，下油鍋炸會做出更加酥脆的薯片與地瓜片。

阿嬤的白酒香料淡菜
Moule au vin blan de Mami

每年秋季,我們全家族會相約一起到法國北部最頂端的海邊採淡菜,看著在夕陽下手牽著手的阿公跟阿嬤兩人,另一手提著裝淡菜的桶子,那樣的畫面看起來心裡格外溫馨。小孩子們在淺水灘戲水,我們其他人則零散的分佈在海邊各處拔著喝著海水自然長大的淡菜,帶回家去除雜質、海藻,反覆沖洗,雖然會花費許多時間,但新鮮淡菜吃起來就是鮮美無比。

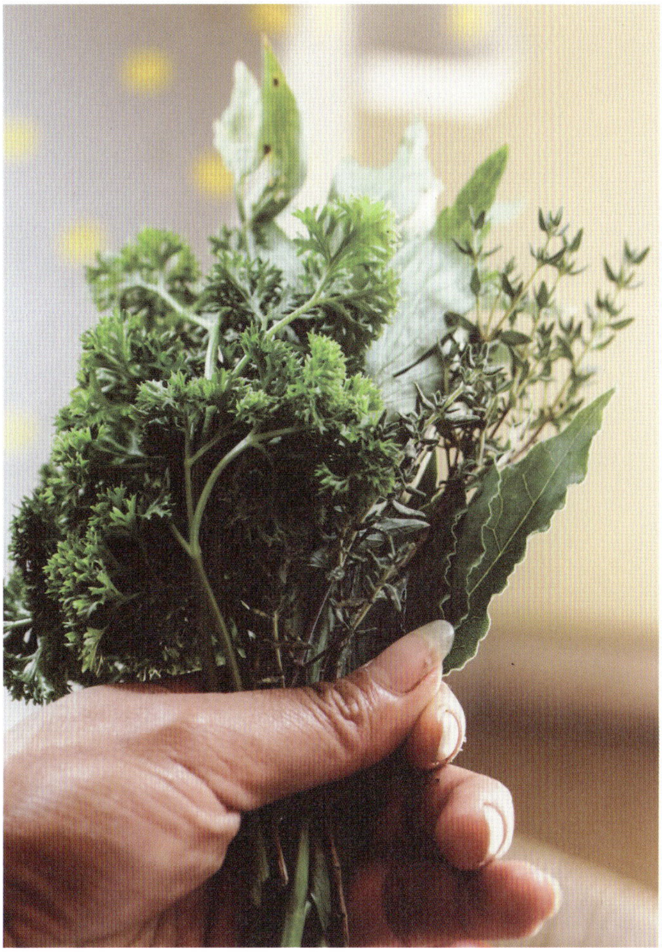

AUTUMN

食材
— *1kg* 　淡菜
— *1 瓣* 　蒜頭
— *1 瓣* 　紅蔥頭
— *1 小把* 百里香
— *2 片* 　歐芹葉
— *1 小把* 巴西里
— *2 支* 　迷迭香
— *半顆* 　番茄
— *250ml* 白酒
— *30g* 　奶油
— *少許* 　海鹽、研磨胡椒

1. 將淡菜的殼背上的雜物刮除乾淨，用白酒醋洗上兩三遍之後，最後一次用清水沖洗。

2. 鍋裡放入奶油加熱融化後，將已經切碎的蒜片、紅蔥頭片、百里香、歐芹葉、巴西里、迷迭香放入炒香後，加入少量的白酒略煮一下。

3. 放入洗好的淡菜翻炒，續入番茄切塊，煮約 3 分鐘，再放入剩下的白酒，煮到淡菜全開並稍微收汁之後熄火，趁熱享用。

紅酒漬紅高麗菜
Compotée de chou rouge aux figues

幸運的人在自家院子的兩側都會種上一株無花果樹，在傍晚黃昏時走到院子採摘經過一整天被陽光曬暖暖的無花果。這道紅酒漬紅高麗菜很可口，適合搭配肉凍或是鵝肝醬，夏季就搭配冷烤肉（法國人喜歡將烤熟的肉放冷著吃），做好後放進密封罐裡真空殺菌，這樣可以保存好幾個月。

SERVES 6

食材
— *1* 顆　　紅高麗菜
— *100g*　無花果
— *100g*　洋蔥
— *300ml*　紅酒
— *200ml*　紅酒醋
— *100ml*　波特甜紅酒
— *30g*　　細糖
— 適量　　橄欖油
— 適量　　海鹽、研磨胡椒

1. 製作前一天將紅高麗菜切成四大塊狀，切除硬芯部份，再切成絲，在流動水下沖洗後瀝乾水份。加入紅酒醋與糖、海鹽、研磨胡椒充分混合，靜置 24 個小時。

2. 隔日，將洋蔥去皮後切細絲狀，無花果切成小塊狀。在鍋裡倒入橄欖油，放入洋蔥絲翻炒，再將紅高麗菜絲與醋糖水一起放入煮約 15 分鐘。

3. 將紅酒與甜波特紅酒均勻淋在紅高麗菜上，加入無花果丁，煮滾 5 分鐘左右，轉成小火蓋鍋蓋煮 30 分鐘。最後以鹽和胡椒調味後放涼，裝進乾淨罐子裡，放進冰箱冷藏。

菜園紅高麗菜沙拉
Salade de chou rouge à l'asiatique

紅高麗菜只要切得夠細,沾上這個沙拉醬的紅高麗菜十分的爽口,也不用擔心浸泡在沙拉醬裡菜絲會很快軟爛。搭配烤肉、烤雞或是雞排豬排都很對味,甚至是日式小章魚也很搭。

SERVES 4

食材　— 半顆　紅高麗菜
　　　— 2 大匙　醬油
　　　— 3 大匙　胡麻油
　　　— 2 大匙　米醋
　　　— 1 大匙　味醂
　　　— 1 大匙　白芝麻
　　　— 1 小把　歐式香菜
　　　— 適量　海鹽、研磨胡椒

1. 將紅高麗菜清洗乾淨後對切，切除中心的白梗，盡可能切成細絲，放入大的沙拉碗裡備用。

2. 製作沙拉醬汁。將醬油、胡麻油、米醋、味醂放入一個碗裡攪拌均勻。

3. 將白芝麻放入平底鍋裡，烘烤上色約 1～2 分鐘，再將白芝麻放入沙拉醬汁裡，歐式香菜切碎後也放入。

4. 將醬汁淋在紅高麗菜絲上攪拌後，即可馬上享用。

TIPS

1. 這個沙拉作法屬於亞洲式，用紅高麗菜有個好處，因為紅高麗菜的鐵質很高，淋上這個沙拉醬汁的紅高麗菜完全不會有一般粗糙的口感。

2. 也可以用來製作手捲替代白高麗菜絲，除了顏色漂亮又脆口。

新鮮甜橙烤農家鴨
Canard l'orange

在法國，年末節日多，包含聖誕節、跨年，除了烤雞、烤鴨也是我們慶祝節日的料理選擇，適合多人享用。我們一年裡吃整隻鴨的機會不多，因此，吃剩的鴨肉或是骨頭，我們會拿來製作高湯，高湯就能在製作蔬菜濃湯時使用，替代雞高湯，香味更香。剩下的鴨油，除了做菜用，冬季也是菌菇季節，菌菇很能吸油，用來炒蒜味菌菇正好，最後撒上一些巴西里碎葉即可（製作方式可以參考馬鈴薯鬆餅炒菌菇作法 P.086）。

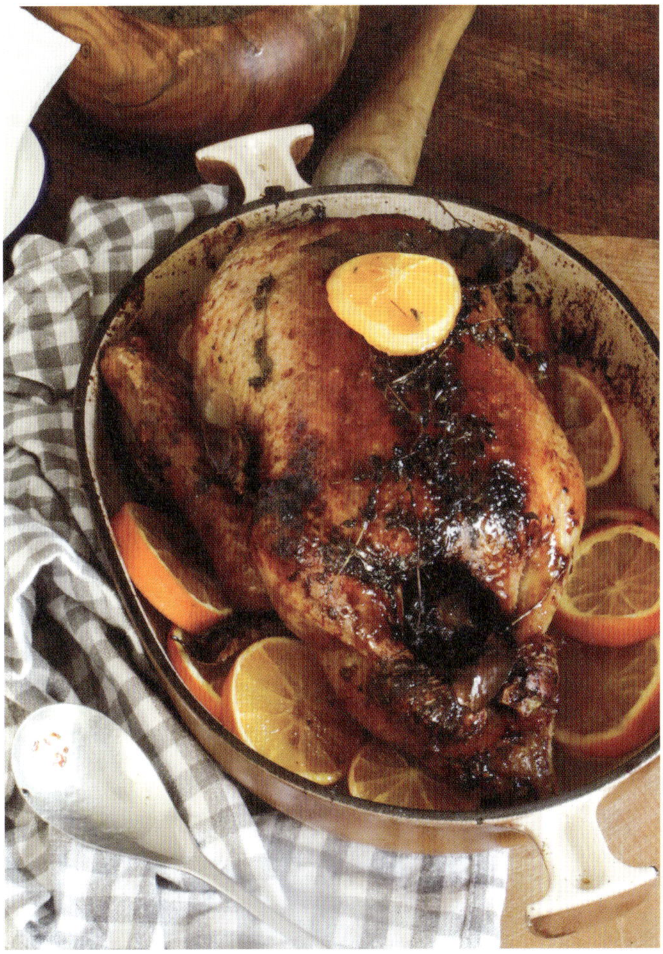

AUTUMN

食材
— *1 隻　全鴨（事先去毛除內臟）
— 3 顆　有機甜橙
— 1 小杯　干邑澄酒
— 40g　糖
— 40ml　酒醋
— 1 小匙　小牛肉高湯粉或
　　　　100ml 牛高湯
— 1 小杯　白酒
— 4 瓣　蒜頭
— 1 把　百里香
— 4 片　月桂葉
— 適量　奶油、海鹽、研磨胡椒

*1 隻約 1g

1. 將烤箱以 180 度預熱。清洗 2 顆甜橙，切成圓片狀，在深鍋裡倒入冷水煮滾後，放入橙片 1、2 分鐘後，撈出瀝乾水份，將橙片浸泡在干邑澄酒裡，靜置備用。

2. 在小鍋裡放入酒醋和糖，以小火煮成糖漿狀，不要攪拌，將剩下的甜橙榨汁，接著慢慢加入甜橙汁，煮滾約 5 分鐘，靜置備用。

3. 在鑄鐵鍋裡放入奶油，將鴨胸表面各劃上三刀（如果使用的鴨皮較厚的話），放入鍋裡將表面煎成金黃色（上色即可）。

4. 取出全鴨，鴨油倒在一個碗裡，將全鴨再度放回鍋裡，淋上甜橙糖醋糖漿、小牛肉高湯粉、白酒、適量海鹽和研磨胡椒，煮滾 3 分鐘。

5. 將整鍋放入烤箱裡，或是再放進一只更大的鍋裡，包括鍋裡的醬汁一併倒入，放上百里香、月桂葉、蒜瓣，烘烤約 30 分鐘。

6. 30 分鐘後，放上淨泡在干邑澄酒裡的橙片，淋上干邑澄酒再度烤 30 分鐘。出爐後，將鴨肉切片搭配甜橙片、蒜瓣，淋上鍋底醬汁一起享用。

TIPS

1. 也可以在烘烤的最後 30 分鐘放入水煮熟的馬鈴薯。

2. 烤的過程要將全鴨翻面一次，或是偶爾將鍋底醬汁淋在全鴨上，避免鴨肉燒焦又能保持肉質多汁。

橄欖油漬烤甜椒
Poivros grillés à l'huile d'olive

烤完的甜椒有著引人食慾大增的甜味，有時候烤完出爐來不及做漬物就直接做成涼菜吃光了。烤甜椒產生的水份要完全瀝乾才能放進罐子裡，再倒入橄欖油哦！

食材　— 8～10 小顆　黃甜椒、紅甜椒、
　　　　　　　　　　橘色甜椒
　　　— 3 片　　　　月桂葉
　　　— 3 顆　　　　蒜頭
　　　— 600～700ml　橄欖油
　　　— 適量　　　　海鹽

1. 烤箱以 200 度預熱。將甜椒表面擦拭乾淨，放在鋪著烘焙紙的烤盤上，再放入烤箱烤 30 分鐘，偶爾將甜椒翻面。

2. 在烤甜椒的同時，將橄欖油倒入鍋裡，放入月桂葉，以及用刀面稍微壓碎的蒜瓣一起加熱。

3. 甜椒表面烤黑後，取出放入塑膠袋裡或是沙拉鍋裡蓋上盤子，靜置約 10 分鐘，將甜椒表皮慢慢去除，這時候甜椒還是很燙，小心別燙傷了。

4. 去除表皮的甜椒放進碗裡冷卻，將冷卻的甜椒去梗去籽，切成大長條狀，再放進事先洗乾淨擦乾水份的密封罐中，倒入加熱的橄欖油，馬上將蓋子蓋緊。

TIPS

這個罐頭橄欖油烤甜椒不打開可以存放在陰涼不見光的地方約一年。打開後，用叉子將甜椒取出來享用，兩個月內得吃完。

油漬百里香茄子
Aubergines confites au thym

這道可以和橄欖油漬烤甜椒（P.108）一塊做，漬好的茄子或甜椒用來做蔬菜烤單片麵包（P.028）就是一道很開胃的前菜。

食材 — 2 顆　茄子
　　　— 4 支　百里香
　　　— 2 片　月桂葉
　　　— 1 大匙 白胡椒粒或
　　　　　　 野生胡椒粒
　　　— *份量　橄欖油
　　　— 適量　海鹽

*份量依保存容器調整

1. 烤箱以 200 度預熱。將茄子蒂頭去除，再切成薄片。將茄片放置在鋪著烘焙紙的烤盤上，茄片之間需要保持距離不要放太靠近，如果空間不夠，可以 2 片疊在一起。

2. 淋上橄欖油，撒上海鹽，放上百里香，以烤箱烤 20 ～ 30 分鐘，烤到茄子變軟。

3. 將烤軟的茄子放進事先消毒殺菌的罐子裡，放入月桂葉、白胡椒粒，倒入橄欖油，馬上蓋上蓋子鎖緊。

4. 可以搭配熱的料理一起享用，或是和其它冷食一起做成拼盤。也可以做成三明治或是搭配大蒜麵包。

TIPS

1. 這個罐頭蔬菜可以存放到下一個茄子季節來臨前都還能享用。

2. 罐頭打開後，放在冰箱保存，用刀尖或叉子將茄子取出，必需在一至兩個月內吃完。

茄肉魚子醬
Cavier d'aubergine

雖然說菜名是茄肉魚子醬，食材卻完全沒有用到魚子。雖然法文是魚子醬，卻和亞洲料理的魚香茄子有異曲同工之妙。歐洲或是希臘人很喜歡這樣的抹醬，因為方便食用而且十分美味，只要抹醬好吃，再多麵包都不是問題。

食材　—　*1* 顆　　　　橢圓茄子
　　　—　*2～3* 大匙　新鮮檸檬汁
　　　—　*3* 瓣　　　　蒜頭
　　　—　*1/4* 顆　　　洋蔥（不是必需）
　　　—　*3* 大匙　　　芝麻油
　　　—　半把　　　　歐式香菜

1. 將茄子洗乾淨縱切成兩半，放入烤箱以 200 度烤到茄子皮變黑、茄肉變軟即可。

2. 使用湯匙和叉子挖出茄肉放入碗裡攪碎，將洋蔥、蒜頭去皮切丁，加入茄肉裡，再加入檸檬汁和切碎的香草葉調味攪拌均勻即可。

TIPS

1. 歐式香菜可以用羅勒替代，芝麻油可以用橄欖油替代。

2. 使用圓形茄子的茄肉會比較豐富有份量。

鹽味麵皮包烤利克農家雞
Poulet de Licques en croûte de sel

這是道十分古老的家常菜,老到或許許多現代年輕一輩的法國人都不知道。經典作法得用灰色海鹽和麵粉混合包烤全雞,打開時香氣四溢,雞汁全在麵粉鹽包裡,雞肉因被海鹽包裹著,肉質軟嫩帶著淡淡海味。

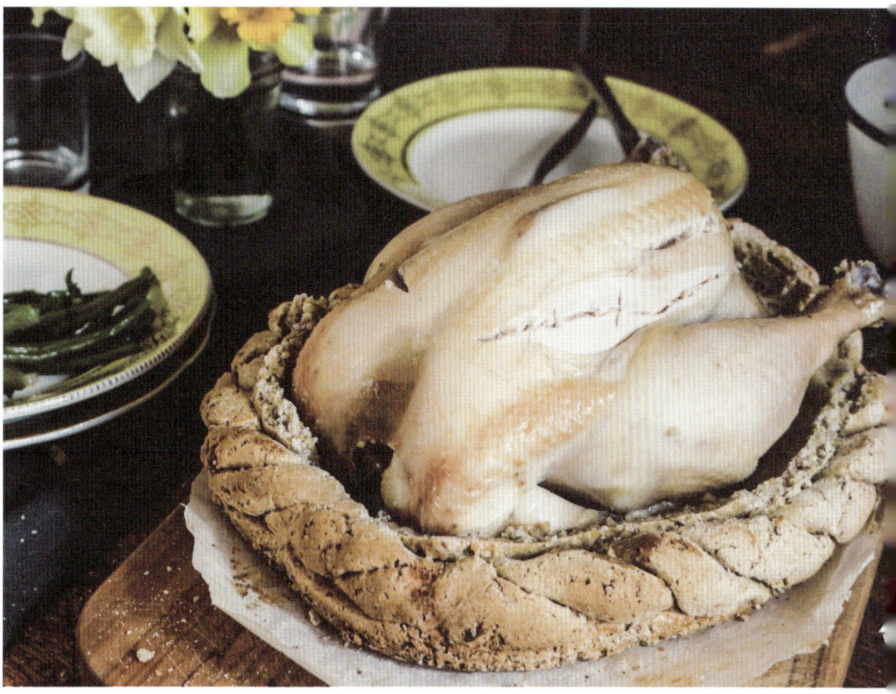

AUTUMN

SERVES 4

食材	— *1 隻 人道放養雞
	— 適量 海鹽、研磨胡椒
	— 1 顆 蒜頭
	— 1 顆 中型洋蔥
	— 1 把 百里香或
	1 束 綜合香草
	*1 隻約 2.5～3kg

鹽麵皮	— 1.2kg　粗海鹽
	— 1kg　　麵粉
	— 2 顆　　全蛋
	— 5 顆　　蛋黃
	— 300～400ml 水

（前一日醃漬全雞）

1. 請雞販去除雞頭和雞腳，雞翅從中間關節處剁去，取出雞內臟，方便稍後的調味與塞入食材。

2. 以海鹽和研磨胡椒塗抹雞內胸腔，再將洋蔥去皮對半切放入，蒜頭對半橫切後一併塞入，最後塞入香草束，用乾淨的烘焙紙或是乾淨的布將雞包起來，放入冰箱冷藏一個晚上。

（前一日製作鹽麵皮）

3. 將麵粉與粗海鹽放進食物調理機的攪拌盆裡，攪拌均勻這兩樣食材，接著加入 2 顆全蛋、4 顆蛋黃和 200ml 的水，使用慢速攪拌，接著再將剩下的水慢慢倒入，直到麵團形成團狀，將麵團放在鍋裡蓋上塊布放入冰箱直到隔天要製作的時候再取出。

（當日製作烤雞）

4. 將麵團擀開約厚度 1cm 左右。取出醃漬的雞，將雞放在麵皮上，雞周圍的麵皮切割下來包覆在雞身上，務必將整隻雞都包住，麵皮之間縫隙要壓緊黏合，小雞腿露出來的部位再用麵團保裹著，不能留有縫隙或是孔洞。

5. 剩下的麵皮可以做些花瓣或是編辮子後黏在雞的周圍或是邊緣處，將所有麵皮都盡量利用完。1 顆蛋黃加幾滴水混合後，塗抹在麵皮上，再將裝飾的麵皮貼上，最後再次將所有的麵皮塗上一次蛋黃液。

6. 烤箱以 170 度預熱後，烤 1 小時 15 分鐘，烤完不需要馬上出爐，將雞放在烤箱裡約 30 分鐘。上桌前，從頂端將麵皮切開，被麵皮緊緊包住的雞烘烤後十分多汁，麵皮底下會有許多雞汁，小心地將周圍的麵皮慢慢切開後，再將全雞切開盡情享用多汁且帶點鹽份的烤雞。

西洋梨榛果慢燉豬肋排

Rôti de porc aux noisettes et aux poires

梨子和榛果都是在秋冬季節才有的時令食材，想要吃得等上一整年。每年秋季中期我會帶著小狗在通往森林的田野路上晃一晃，因為那條路上有三株百年的榛果樹，結果季節一到，榛果會掉落在地上，我們會一邊散步，沿路一邊撿著小小還未脫葉的小榛果。秋季的西洋梨很甜，甜味恰好扮演糖的角色，不需要另外加糖，美麗豐富的醬汁用來拌義大利麵或白飯，都非常開胃。也可以將豬肋排以烤的方式烤熟，每面烤個 15 分鐘，醬汁另外煮好淋上搭配享用即可。

119

AUTUMN

SERVES 4

食材
— 800g　人道飼養豬肋排
— 150g　新鮮榛果
— 6 顆　紮實不軟熟的小顆西洋梨或 2 顆大顆的西洋梨
— 1 顆　中型洋蔥
— 200ml　白酒
— 200ml　雞高湯
— 2 大匙　核桃油
— 50g　奶油
— 3 大匙　蜂蜜
— 1 小撮　四種香料的香料粉
— 幾片　鼠尾草
— 適量　海鹽、研磨胡椒

1. 將海鹽和研磨的胡椒粒磨碎，撒在豬肋排上。將核桃油倒入鐵鍋裡，放入去皮切絲的洋蔥，再放進調味過的豬肋排，煎至兩面上色。

2. 倒入白酒、熱雞高湯，放入四種香料粉、鼠尾草和榛果，蓋上鍋蓋，以中小火煮約 40 分鐘。

3. 將西洋梨去皮，如果梨子很大顆就對切成兩瓣，小顆梨子就保持整顆狀。在平底鍋裡放入奶油與蜂蜜，再放入梨子煮約 10 分鐘。

4. 煮到梨子軟化，表面呈現漂亮的焦糖色，再放入煮肉的鍋裡，連鍋裡的奶油蜂蜜汁也一併倒入，煮滾 5 分鐘。趁熱將肉塊切片，淋上醬汁與梨子一起享用。

TIPS

1. 如果沒有新鮮榛果，建議使用沒有調味的原味生榛果。

2. 四種香料粉為肉桂粉、肉豆蔻粉、丁香粉與胡椒粉。

帕瑪森小牛肉末白醬千層麵
Lasagnes au veau et au parmesan

有些料理的步驟解釋清楚就會讓人感到十分困難且複雜，有時候做料理就是正在享受生活過程的一個 Moment，有時間能慢慢做一道菜也是在慢慢享受著生活。小牛肉末可以隨意換成自己喜歡的肉末，傳統經典的法國白醬必須要有奶油、牛奶、麵粉來製成，這道有麵食有肉又有過厚奶製品，品嚐起來或許有點膩口，在初秋品嚐這道料理，我們可以用米磨粉和豆漿替代來製作白醬，口感清爽又可口。

SERVES 4

食材
— 700g 小牛肉末
— 500g 千層寬麵片
— 1 顆 中型洋蔥
— 3 瓣 蒜頭
— 150ml 白酒
— 2 顆 中型番茄
— 適量 橄欖油
— 2 把 百里香
— 適量 海鹽、研磨胡椒

白醬
— 40g 無鹽奶油
— 40g 米磨粉
— 60ml 冷豆漿
— 50g 帕瑪森乳酪絲
— 1 小把 羅勒葉

1. 將洋蔥、蒜頭去皮切細丁，在有點深度的鍋裡倒入少量橄欖油，放入洋蔥丁、蒜末拌炒約 3 分鐘，續入肉末炒香至帶點金黃色，再將番茄切丁加入拌炒 2 分鐘，放入白酒、百里香、海鹽、研磨胡椒煮 15 分鐘～20 分鐘即可。

2. 製作輕脂白醬。在深鍋裡放入奶油，奶油融化後一口氣放入米磨粉拌炒成糰狀至帶點黃色，以中火持續加熱。分次倒入豆漿，每次倒入豆漿都要將麵糰攪開與豆漿融合在一起成糊狀，約 3 分鐘後離火，再將羅勒葉切碎加入攪拌均勻。

3. 在烤盤裡抹上一些橄欖油，盤底鋪上一層千層寬麵片，鋪上肉末，再鋪上一層輕脂白醬，接著一層千層寬麵片、一層肉末、一層白醬，最後上層刨上厚厚的帕瑪森乳酪絲，以鋁箔紙覆蓋。

4. 烤箱以 180 度預熱，放入烤箱烘烤 30 分鐘，取下鋁箔紙再烤 30 分鐘即可。搭配一杯克斯島的 Figari 白酒享用。

老式焗白醬蘑菇干貝
Coquilles Saint Jacques à l'ancienne

因為鄰近海邊的緣故,我們一年四季幾乎都能吃得到新鮮肥美的干貝。以前吃白醬干貝幾乎都是跟大蔥搭配,這些年經常在隔壁 90 多歲鄰居奶奶家走動,也聽了不少她年輕時候的風采,就連做菜也有自己的風格,這道蘑菇干貝在她年輕時代可是奢侈昂貴無比的料理呢!

125

AUTUMN

食材
— 60g　麵粉
— 40g　奶油
— 1 顆　紅蔥頭
— 100ml　白酒
— 400ml　高湯（請參考冬季食譜清雞高湯 P.024）
— 10ml　濃縮鮮奶油
— 250g　巴黎蘑菇
— 250g　新鮮干貝
— 20g　自製麵包粉
— 1 大匙　橄欖油
— 適量　海鹽、研磨胡椒

1. 烤箱以 180 度預熱。在平底鍋倒入奶油加熱，紅蔥頭切細丁後入鍋炒香約 2 分鐘，再加入麵粉翻炒。

2. 一邊加入白酒和高湯一邊攪拌，不要停止，直到麵粉融化在白酒湯汁裡。

3. 以中火持續煮滾，加入濃縮鮮奶油直到醬汁變濃稠為白醬，再以海鹽、研磨胡椒調味。

4. 蘑菇表面擦拭乾淨，切成片狀備用。平底鍋熱鍋後倒入橄欖油，再放入蘑菇片翻炒 2 分鐘。

5. 將蘑菇加入白醬裡，接著加入干貝攪拌混合後，填入平烤盤裡，撒上麵包粉，烤箱烤 10～12 分鐘即完成趁熱享用。

（自製麵包粉）

食材：家中吃不完的麵包

亞洲因為天氣因素，麵包容易變軟發霉，製作前先將麵包切成小塊狀後放入烤箱 180 度烘烤約 12～15 分鐘，直到麵包質感變硬，出爐。將變硬的麵包放在一塊乾淨的布上包起來後，用桿麵棍將硬麵包敲碎即可使用，裝進罐子裡保存可以保存很久。如果有食物調理機直接放入打碎即可。

農家油封鴨
Confit de canard du ferme

隔壁老爺爺宰殺鴨後，奶奶開始拔鴨毛，一邊拔一邊抱怨著處理生禽真的好費工，坐在桌邊旁的我只能搭笑著。每年秋末冬初這個時節，兩老開始宰殺鴨隻用來烤鴨或是製作油封鴨，放入酒窖等待冰凍的冬季來時再拿出來品嚐，有時候還能放上好幾年慢慢地享用自家料理的成果。

食材 — 2隻　生鴨腿
　　 — 500g　鴨油
　　 — 500g　粗海鹽
　　 — 3瓣　　蒜頭
　　 — 4支　　百里香
　　 — 1片　　月桂葉

1. 將鴨腿表面擦拭乾淨，再將鴨腿關節表面周圍的鴨脂肪切除下來，並將邊緣的鴨皮修整乾淨。用粗海鹽覆蓋住鴨腿，放入冰箱冷藏一個晚上。

2. 將鴨腿從海鹽裡取出，以流動的水沖洗後，擦乾水份。

3. 烤箱150度預熱。將鴨腿放入鍋裡，續入鴨油、蒜頭、香草加熱煮滾。

4. 移至烤箱裡低溫烤2個小時。出爐可以直接盛盤上桌，或是將鴨腿與鴨油一起放入密封罐裡保存，享用前連同鴨油一起加熱。搭配油封鴨的配菜，可以準備醃漬洋蔥和是醃漬紅蔥頭，或是漬紅高麗菜，酸度夠的漬菜十分解油膩。

TIPS

如果打算存放好幾年再品嚐的話，建議鹽封兩三天再開始製作，這時候的鴨腿鹹度非常鹹，油封後放進密封罐，幾年過去鹹味也會慢慢地變淡，不容易變質。

白酒醋漬葡萄
Pickles de raisin

隔壁阿嬤家種了三株葡萄，十分捨不得一次性吃光，做成白酒醋漬葡萄，傍晚時坐在夕陽餘韻下的後院，搭配開胃冷盤享用，特別開胃，最好再搭配一杯甜白酒更加完美。

食材　— *400g*　黑葡萄或
　　　　　　紅（粉紅色）葡萄
　　　— *300g*　糖
　　　— *200ml* 白酒醋
　　　— *350ml Riesling* 白酒（阿爾薩斯白酒）
　　　— 6 顆　杜松子果

1. 將白酒醋、糖與白酒放入小深鍋裡，煮滾約 7～8 分鐘，偶爾攪拌讓糖能快速地融化。

2. 將葡萄洗乾淨，瀝乾水份，從梗上一顆顆將葡萄剪下備用。

3. 將密封罐清洗乾淨，以熱水煮 10 分鐘，再擦乾水份。將杜松子果放入罐子裡，再放進葡萄，倒入熱的白酒糖醋（步驟 1）一週後就能享用。搭配白肉或是乳酪、肉凍一起享用。

TIPS

酒醋漬葡萄不開封的話，可以存放約 1 年，一旦打開必需放在冰箱冷藏，15 天內吃完，因此，在製作時建議分裝小罐，這樣可以不用擔心開封後 15 天內吃不完。

野黑莓糖漿
Sirop de mûres

秋天傍晚，阿公跟阿嬤帶我到山間田野兩旁摘菜，採長滿粗刺、不小心扎到肉裡會疼痛難受般的野黑莓，阿公會帶著小凳子，站在凳子上一手拿著抓耙梳將在樹枝最頂端那又黑又肥的黑莓採下，裝滿整個桶子，經過暖陽曬過的黑莓在阿嬤磨成泥之後，在爐上煮時的香氣，讓人口水止不住直流，阿嬤說冬季喉嚨痛喝杯溫黑莓糖漿水能夠舒緩喉嚨痛的不適。

食材 — 2kg　野黑莓
　　　— 200ml 水
　　　— 1500g 細砂糖

1. 將野莓在流動水下快速沖洗，並且將莓果上的梗和蒂一併拔除。

2. 沖洗好的野莓放入深鍋裡，以中小火將莓果煮軟，取叉子或是蔬菜搗泥器，將黑莓搗成泥。

3. 將野莓的籽與渣去除，黑莓汁倒入乾淨的鍋子裡，蓋上乾淨的布放置至少 24 個小時。

4. 準備一塊乾淨的布或是紗布，放在過篩器上，將黑莓汁倒入，再次過濾出來的就是純黑莓汁。

5. 如果黑莓汁為 1000g，細糖準備 1500g，放入深鍋，以中小火將糖煮至融化，直到鍋內的溫度為 100 度，熄火。

6. 將糖漿倒入事先已經清洗乾淨並且熱水殺菌過的瓶罐裡，放在低溫無陽光照射處保存。

TIPS

1. 水果最好使用新鮮非冷凍的水果。

2. 搗泥盡量不使用調理機，機器有熱度會破壞水果的風味，使用搗泥器和調理機取出的果汁風味完全不同。

3. 蔬菜搗泥器為法國鄉村許多家庭必備的料理工具，用來將馬鈴薯或是根莖類蔬菜搗成泥或是番茄絞碎取汁製作番茄泥也可以將軟水果搗碎取汁，是一個非常實用的小工具。

香草冰淇淋南瓜濃湯
Soupe citrouille et la glace crème frâche

法國人喝濃湯喜歡加入鮮奶油,並且不愛喝熱燙的湯,多喝溫湯比較多。因此某天我想到用有濃度的奶製冰淇淋像是鮮奶油冰淇淋替代鮮奶油,湯也相對比較快變溫,另外,冰淇淋裡的甜度讓南瓜湯會變得更好喝,愛濃郁奶味的法國人十分喜歡這道湯品的創意。

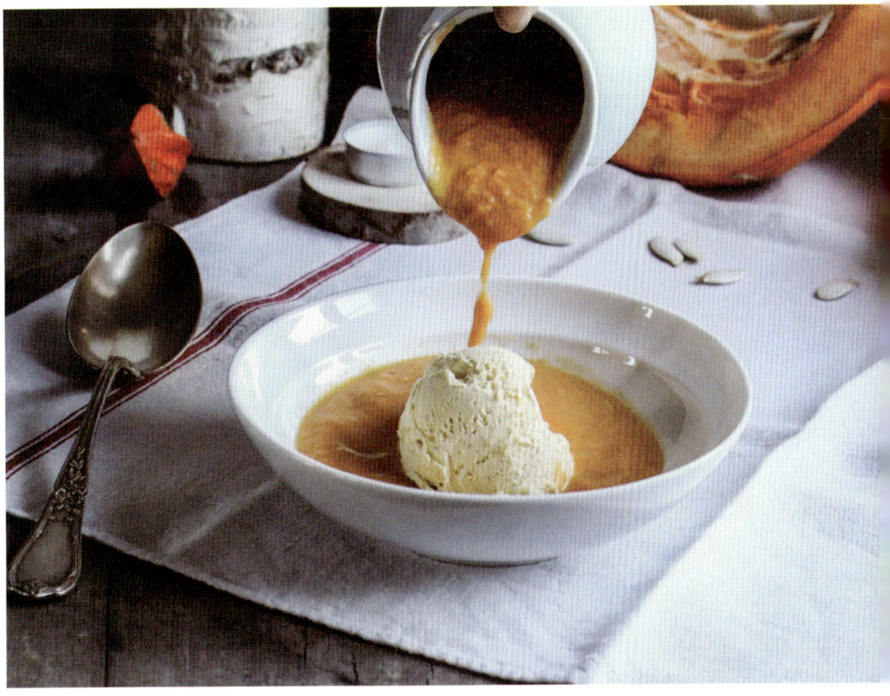

AUTUMN

SERVES 2

食材　—　*500g*　去皮南瓜
　　　—　*2 條*　紅蘿蔔
　　　—　*1 顆*　甜橙汁
　　　—　*1L*　清雞湯（作法請參閱冬季食譜 *P.024*）
　　　—　*20g*　奶油
　　　—　*2 大匙*　橄欖油
　　　—　適量　海鹽、研磨胡椒
　　　—　*2 球*　香草牛奶冰淇淋（*P.070*）
　　　—　適量　核桃碎

1. 將南瓜去皮去籽，切塊，紅蘿蔔也削皮切塊。

2. 在深鍋裡放入奶油和橄欖油，加熱融化奶油後，放入南瓜塊和紅蘿蔔塊，以中小火炒約 20 分鐘，再倒入清雞湯煮 25 分鐘，倒入甜橙汁再煮 10 分鐘。

3. 以食物調理機將食材攪成泥狀，放入海鹽和胡椒調味。盛 1 球冰淇淋在湯碗底部，倒入熱濃湯，撒上幾顆核桃碎即完成。

TIPS

1. 如果沒有雞湯，可以用雞高湯加水煮開替代。

2. 冰淇淋的乳脂與鮮奶油相同，但會更加濃稠，會讓濃湯擁有豐富的奶香味。

3. 如果不喜歡喝溫涼的濃湯，冰淇淋可以放小球就好，趁濃湯剛煮好加入。

一口吃酒漬無花果與香料紅酒
Figues gorgées de vin

> 這樣酒漬「一口吃」的無花果，一口咬下在嘴裡噴汁，有著豐富層次的香味，老一輩的料理智慧會做上一小甕用來搭配各種燒烤或慢燉慢煨的肉類、乾肉腸等等。因為無花果帶有甜味，我喜歡搭配一球自製鮮奶油冰淇淋（香草莢的更好）一起吃。秋季天氣稍涼吃了冰淇淋感到冷意，這時趁著漬無花果的紅酒還尚未冷卻，溫溫的喝上一杯暖暖身子。

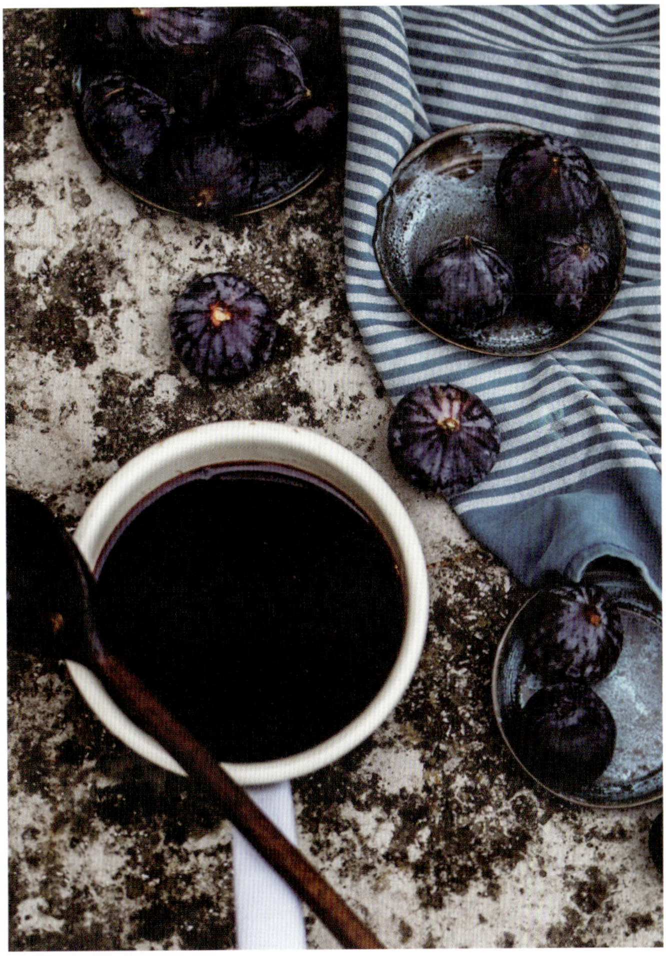

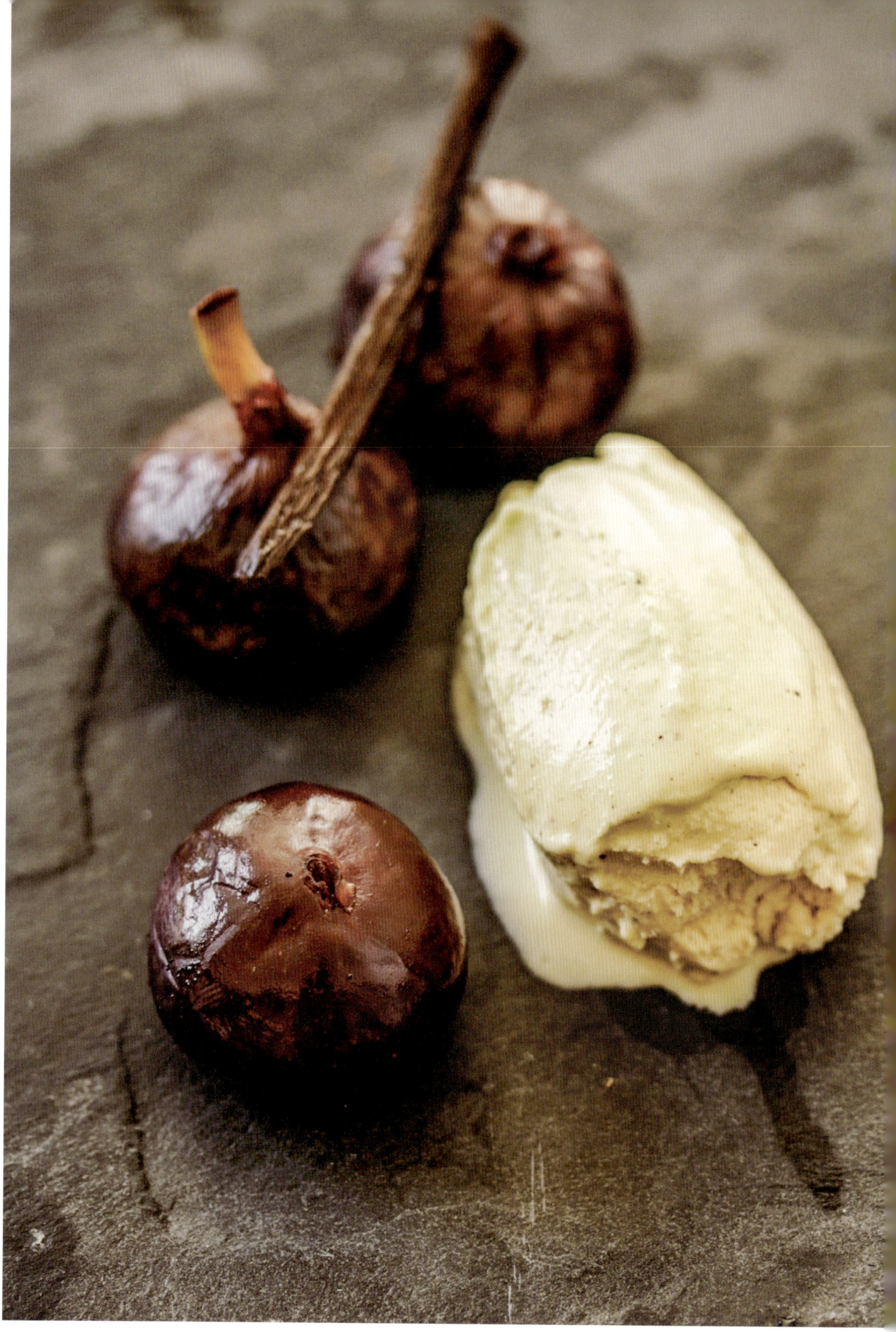

食材
— *12* 顆　黑紫色無花果
— *1L*　　紅酒
— *1* 顆　有機檸檬皮
— *1* 顆　有機甜橙皮
— *250g*　糖
— *1* 支　香草莢
— *3* 顆　黑胡椒粒
— *1* 小撮　薑粉
— *1* 小撮　肉桂粉
— *1* 小撮　四種香料粉（香料麵包使用）

1. 將香草莢對切，和所有食材放入鍋裡（除了無花果），將紅酒煮滾，靜置放涼。

2. 將無花果洗乾淨，放進煮滾放冷的紅酒裡。剪一張和鍋子大小相同的烘焙紙，蓋在紅酒無花果上面，以小火煮至微微滾幾分鐘。

3. 熄火放涼後，取出無花果。過濾煮過的紅酒，丟掉香料渣。享用時再將紅酒倒入鍋內煮收些酒，再放入無花果加熱。

4. 將無花果盛在盤子上，淋上紅酒，趁溫熱享用。或是搭配一球香草冰淇淋一起享用，再將香料紅酒盛進杯子裡慢慢飲用。

南瓜核桃椪柑蛋糕
Gâteau au potiron et noix

秋末核桃葉掉了滿後院的草地上，自動掉落的核桃被枯葉覆蓋著，撥開葉子將核桃拾起。秋末天氣有點涼了，南瓜在屋簷下躺著享受自然空氣時，也是時候可以吃了。將當季的食材和當季水果椪柑一起料理是主食，但經常被家裡的先生當成甜食吃的蛋糕。秋季吃蜂蜜好過吃糖，一道在經常陰天的北法能找到一點點讓身體慢慢感到溫暖的食物。

143

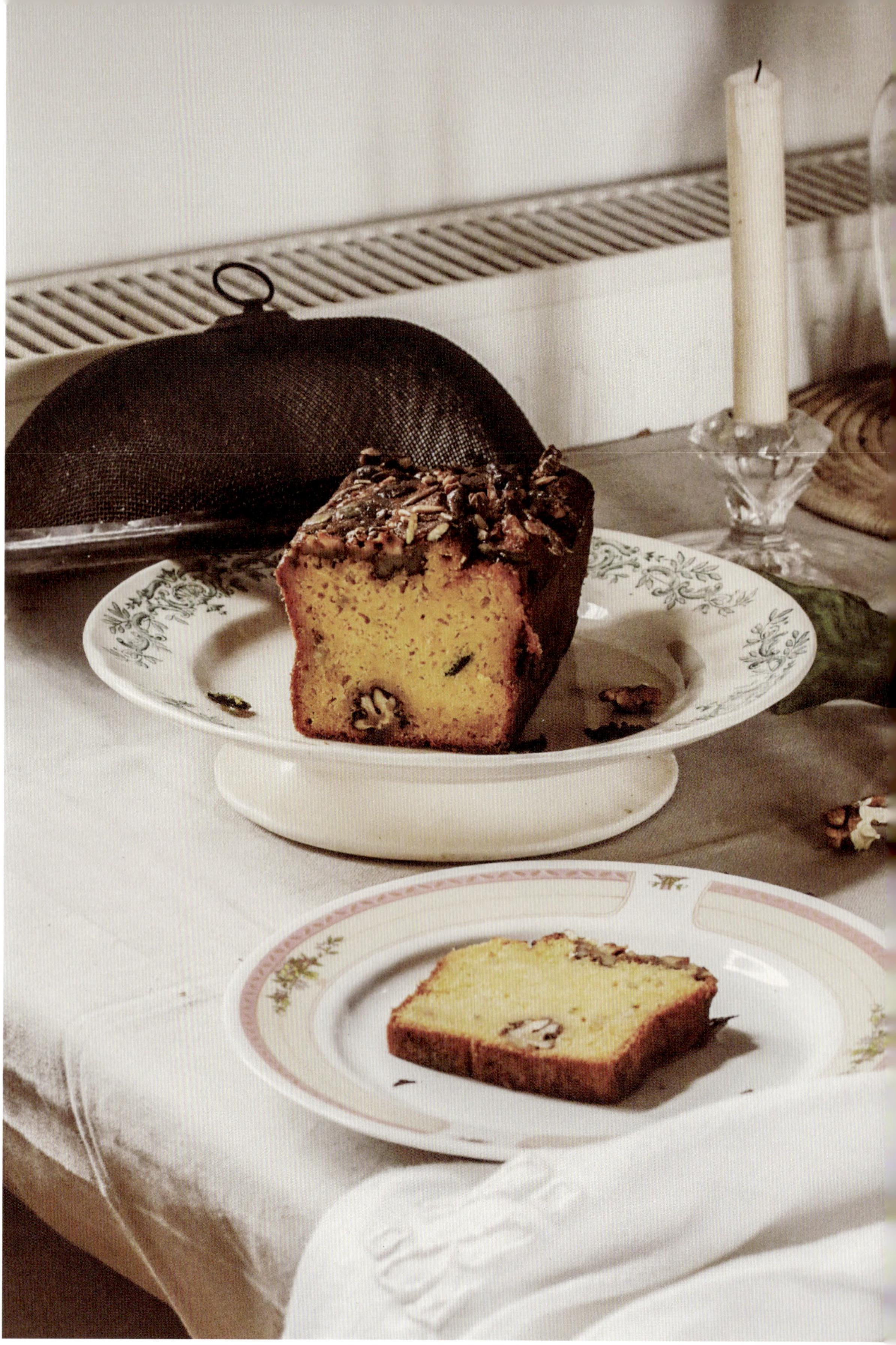

SERVES 4~6

食材
- 340g　南瓜（去皮去籽煮過後）
- 220g　麵粉
- 150g　紅糖
- 3 顆　　雞蛋
- 80g　　鹽奶油
- 40g　　蜂蜜
- 200ml　椪柑汁
- 10ml　南瓜籽油或
　　　　橄欖油
- 4 大匙　核桃
- 1 小匙　肉桂粉
- 1/2 小匙　小豆蔻粉
- 1 包　　泡打粉
- 1 支　　香草莢
- 2 大匙　南瓜籽
- 2 大匙　葵花籽
- 1 小匙　茴香籽

1. 將南瓜去皮去籽後切成塊狀，放入深鍋裡，倒入少量水煮約 20 分鐘，讓南瓜全部軟化。

2. 煮南瓜的同時，將雞蛋和紅糖混合攪拌，加入 20g 的蜂蜜，再將香草莢剖開刮出籽加入，攪拌混合。將奶油放入微波爐融化，與南瓜籽油混合攪拌融合後，加入雞蛋糖液裡。

3. 接著加入 100ml 的椪柑汁、肉桂粉、小豆蔻粉，最後倒入麵粉和泡打粉攪拌，這時候的麵糊就會變得更加黏稠。

4. 烤箱以 180 度預熱。將步驟 1 的南瓜搗碎成泥，加入麵糊裡，再將核桃與各 1 大匙的南瓜籽和葵花籽、茴香籽加入混合。

5. 將烤模均勻地塗上奶油，再均勻地撒上麵粉，倒入麵糊，塗上南瓜籽油，撒上少量南瓜籽和葵花籽，以烤箱烘烤 1 個小時。

6. 將剩下的蜂蜜和 100ml 的椪柑汁倒入小鍋裡煮成糖漿，煮約 5 分鐘。取出蛋糕，趁熱淋上蜂蜜椪柑糖漿。可以溫溫地享用亦可放涼後食用。

TIPS

1. 測試蛋糕烤熟與否，用刀子往蛋糕中心插入再取出，刀尖如果是乾燥的表示蛋糕已烤熟。

2. 如果手邊沒有南瓜籽油，也可以使用其它的果仁油，例如杏仁油、葵花籽油等替代。

瑞士乳酪培根馬鈴薯蛋糕
Gâteau de pomme de terre du bacon et au fromage de Suisse

法國的冬天很冷，為了讓身體不那麼冷，會經常性享用大量乳酪和馬鈴薯。秋冬期間吃乳酪能使身體體感溫度升高，和飽含澱粉、碳水化合物的馬鈴薯一起享用，除了提供身體飽足感，不容易感到寒冷外，乳酪跟馬鈴薯的結合料理都很美味可口，尤其是加了火腿或是培根一起享用，很少人能夠拒絕得了這樣的料理組合。

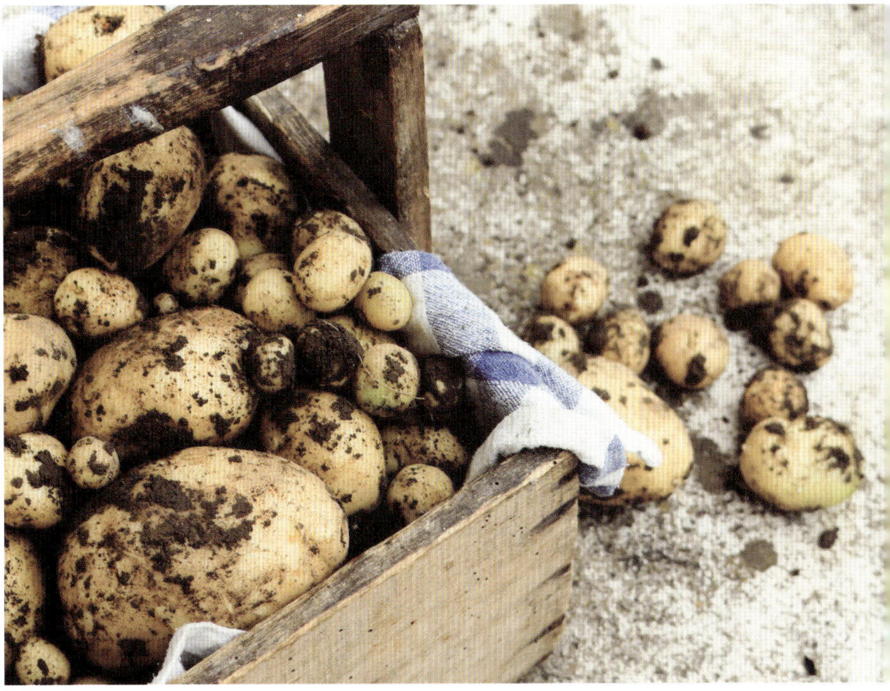

AUTUMN

食材 — *250g* 瑞士 *gruyère* 乳酪
— *500g* 馬鈴薯
— *12* 片 培根
— *1* 顆 洋蔥
— *3* 顆 新鮮雞蛋
— *200ml* 濃縮鮮奶油
— *4* 瓣 蒜頭
— *1* 大匙 橄欖油或
　　　　植物油
— 適量 奶油（塗抹烤模用）
— 適量 海鹽、研磨胡椒

1. 將洋蔥和蒜瓣去皮切成細丁，培根切成小塊狀。在平底鍋倒入植物油加熱，放入洋蔥丁和和蒜丁，以小火炒香後加入培根，轉大火炒 3 分鐘後離火。

2. 烤箱以 180 度預熱。將馬鈴薯清洗乾淨去皮刨絲，放入調理碗裡，再放入雞蛋和鮮奶油快速攪拌混合。

3. 以海鹽和研磨胡椒調味，如果培根已經有鹹味，就不需要加海鹽。加入馬鈴薯絲與乳酪絲攪拌混合，再將事先已經炒香的培根洋蔥末加入，重新再攪拌混合一次。

4. 烤模塗上奶油，倒入餡料，蓋上鋁箔紙烤 45 分鐘後，取下鋁箔紙再烤 40 分鐘，烤至上色即可出爐。這道蛋糕冷熱都可享用，搭配肉類或是沙拉一起食用。

TIPS

這道我們可以使用愛曼塔乳酪（Emmantal) 或是瑞士乳酪（Gruyère) 的乳酪香味較重，也可以使用任何自己喜歡的乾乳酪（如 Tomme、conté 等等…）。

南瓜甜橙果醬
Confiture au poitiron et l'orange

某年家裡有許多來自科思島的甜橙，一時之間也吃不完，我曾經用來跟南瓜一起做濃湯，發現還不錯，就試試做成果醬，除了抹麵包，也用來搭配肉類或是當作烤蔬菜的沾醬。

AUTUMN

5~6 JARS

食材 — 1.5kg 南瓜肉（去皮去籽煮過後）
　　 — 1.25kg 細結晶糖
　　 — 2 顆　有機甜橙
　　 — 1 顆　自然種植無化肥黃檸檬

（消毒果醬瓶）

1. 在深鍋裡倒入 8 分滿的水，放入罐子與瓶蓋煮，煮滾約 10 分鐘，轉小火，讓罐子持續留在鍋裡。

（前一日醃漬果肉）

2. 將南瓜削去厚皮，接著切成小塊狀，放進深鍋裡，放入甜橙皮、檸檬皮，再將甜橙切塊放入，續入細結晶糖攪拌，讓所有南瓜塊都裹上糖，擠入檸檬汁，放入冰箱冷藏 24 個小時。

（製作當日）

3. 取出南瓜倒入鍋裡，以中小火煮約 30 分鐘，經常不斷地攪拌，因為南瓜很容易黏鍋燒焦。煮到南瓜全部軟化，如果尚未軟化，使用電動食物攪拌器將果肉打成泥，但如果喜歡有小塊狀的口感就不需要打泥。

4. 在果醬快煮好的 10 分鐘前，取出果醬罐，用乾淨乾燥的布將罐子裡外的水份擦乾，另外準備一條乾淨的布，將擦拭過水份的罐子倒扣在布上。

5. 果醬煮好後，趁著果醬瓶仍在微熱狀態下將果肉裝進罐子裡，蓋上果醬瓶蓋後倒扣。

TIPS

1. 煮果醬的火最好保持在中小火或是小火慢煮最佳。

2. 果醬倒扣至少要一天的時間才能翻成正面，之後要聽到「波」的一聲表示果醬有達到真空的完美狀態，這樣即使保存一年果醬風味都不會有影響。

鄉村式甜菜根紅蘋果汁
Jus de pomme et berttaver

掉落在院子草地上的蘋果，不管是不是有撞傷、蟲子咬過，法國阿嬤很疼惜地一顆顆從草地上拾起，將撞傷、蟲咬部份切去，洗一洗，或做蛋糕或做蘋果糊，在做甜點前會先打杯果汁，她說不喜歡糖的甜味，用甜菜根替代糖，一邊做蘋果蛋糕一邊喝著純自然的果汁，老人家果然不允許任何的無謂浪費，也是法國鄉村的料理智慧。

SERVES 2

食材 — *1*顆　無化肥帶皮蘋果
　　 — *1*顆　去皮甜菜根
　　 — *1*大匙 蜂蜜
　　 — *250ml* 水

1. 將蘋果洗乾淨後，拔去蒂梗，切成塊狀，甜菜根去皮切塊備用。

2. 將蘋果和甜菜根放進果汁機裡，倒入水和蜂蜜攪打成汁即可。

TIPS

1. 甜菜根使用生的或是熟的皆可，擔心甜菜根有土味，建議可以事先煮熟，去皮再打汁。或是使用生的甜菜根，加幾滴巴薩米可酒醋一起打成果汁。

2. 喜歡原味的話，可以不加蜂蜜。蘋果皮和籽含有豐富的膠質，盡量一起打碎來喝。

肉桂李子糖漿
Prunes au sirop et à la cannelle

秋季時,將從阿嬤家、隔壁奶奶家、姨婆家收集來的各種顏色、不同風味的李子,混合在一起做成酸酸甜甜的李子糖漿,秋冬季時喝杯會暖身體的肉桂李子糖漿真的超舒服!

食材　—10 顆不同品種色系的李子
　　　—2 支肉桂棒
　　　—800g 蔗糖

1. 將李子洗乾淨,對切後去籽備用。

2. 在鍋裡倒入 2L 的水,放入糖,煮滾約 5 分鐘,偶爾攪拌讓糖快速融化。轉小火,放入李子和肉桂棒,繼續煮約 5 分鐘。

3. 離火,讓李子浸漬在糖水裡約 5 分鐘。將密封罐洗淨,以熱水煮 10 分鐘後,將罐子內外水份擦乾。

4. 將李子和糖漿倒入密封罐裡,馬上蓋上蓋子鎖緊。李子可以搭配香草莢冰淇淋或是白乳酪做成甜點享用。

TIPS

李子糖漿放在冰箱可以存放約 4 週的時間。

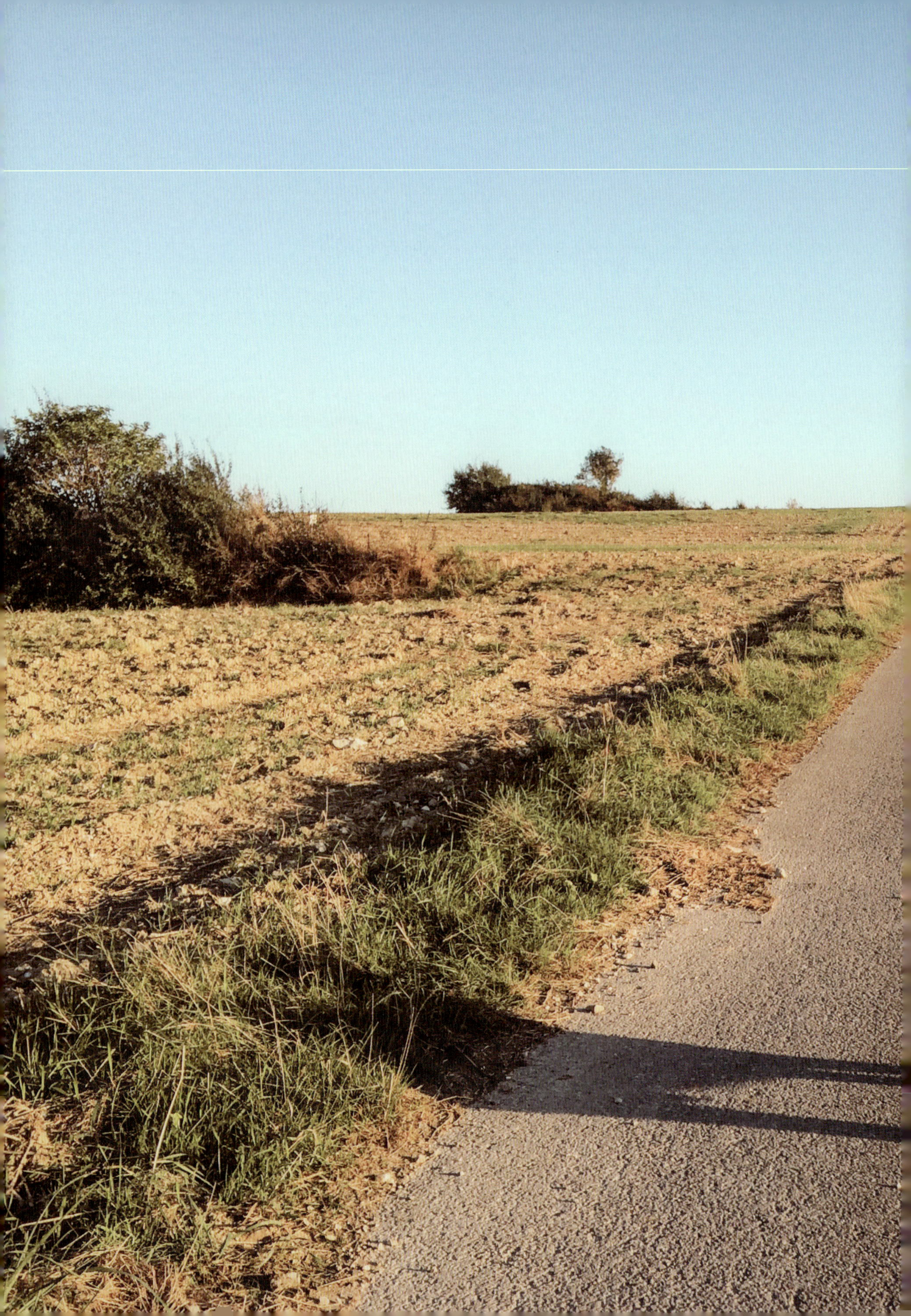

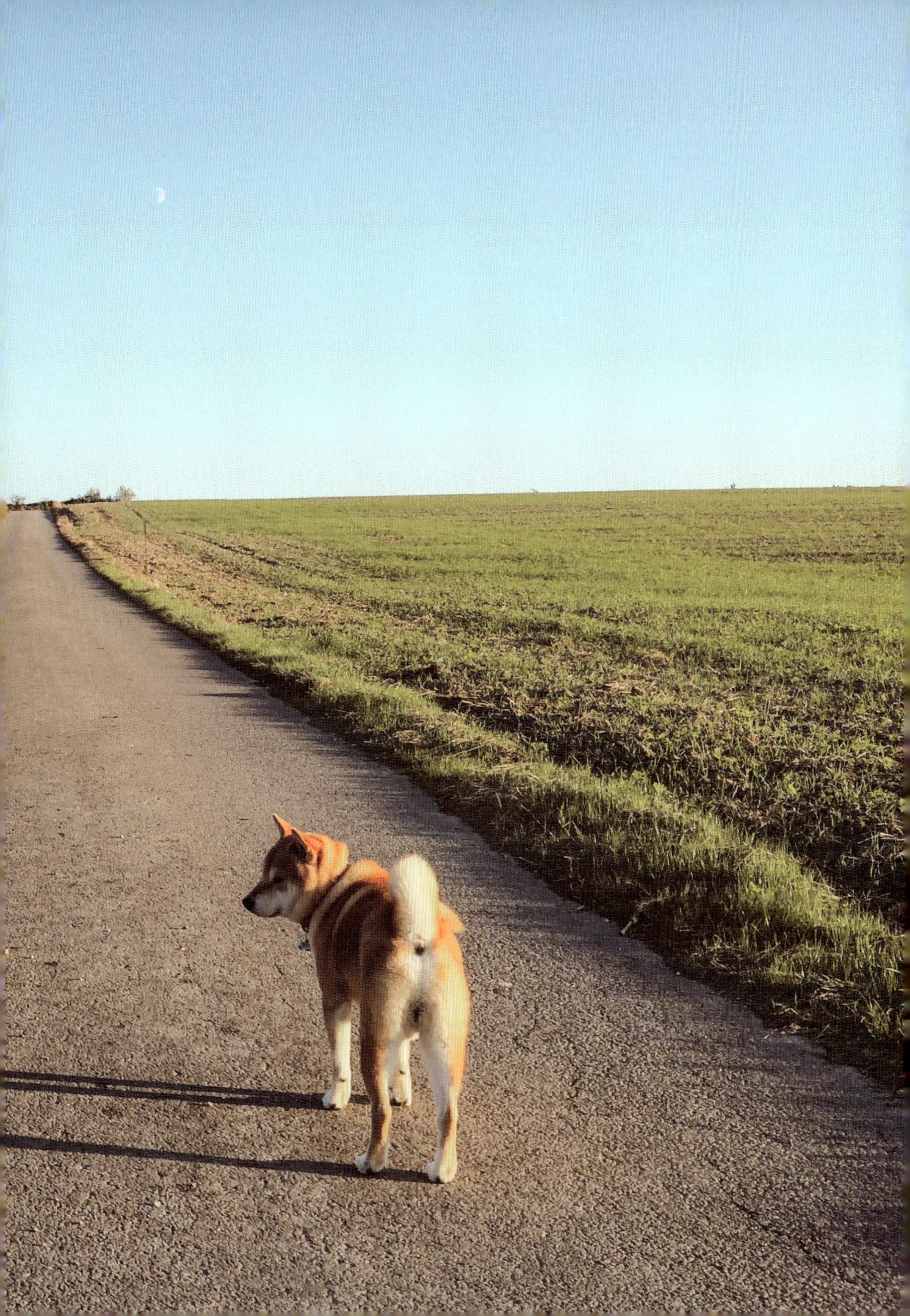

食旅 008

森林裡的法國食年——綻放夏秋

十年飲食全記錄，跟著當地人下廚吃飯，以家常料理詮釋季節更迭以及法式鄉村生活

作　者	陳芊亮 Liang Chen
責任編輯	J.J.CHIEN
封面設計	Rika Su
內文排版	Rika Su
印　務	黃禮賢、李孟儒

出版總監	黃文慧
副總編	梁淑玲、林麗文
主編	蕭歆儀、黃佳燕、賴秉薇
行銷企劃	林彥伶、朱妍靜

社長	郭重興
發行人兼出版總監	曾大福
出版	幸福文化出版
地址	231 新北市新店區民權路 108-1 號 8 樓
粉絲團	https://www.facebook.com/happinessbookrep/
電話	（02）2218-1417
傳真	（02）2218-8057
發行	遠足文化事業股份有限公司
地址	231 新北市新店區民權路 108-2 號 9 樓
電話	（02）2218-1417／傳真：（02）2218-1142
電郵	service@bookrep.com.tw
郵撥帳號	19504465
客服電話	0800-221-029
網址	www.bookrep.com.tw
法律顧問	華洋法律事務所 蘇文生律師
印刷	凱林印刷有限公司

一版三刷　西元 2020 年 5 月
定價　450 元

國家圖書館出版品預行編目 (CIP) 資料

森林裡的法國食年：綻放夏秋／陳芊亮作. -- 初版. -- 新北市：幸福文化，遠足文化，2020.03

面；　公分. -- (食旅；4)

ISBN 978-957-8683-29-7(平裝)

427.12　　　　　　　109001807

1.食譜 2.法國

幸福文化

Printed in Taiwan 有著作權 侵犯必究

特別聲明：有關本書中的言論內容，不代表本公司／出版集團的立場及意見，由作者自行承擔文責。

ZENKOKU TABI WO SHITE DEMO IKITAI MACHI NO HONYA SAN
Copyright © G.B.company 2018 All rights reserved. Originally published in Japan by G.B. Co. Ltd. Chinese (in traditional character only) translation rights arranged with G.B. Co. Ltd.，through CREEK & RIVER Co., Ltd.